版式设计与
配色教程

贺浪　编著

Design
Building
Blocks

设计
积木

人民邮电出版社

北京

图书在版编目（ＣＩＰ）数据

设计积木：版式设计与配色教程 / 贺浪编著. --
北京：人民邮电出版社，2023.4
ISBN 978-7-115-60404-0

Ⅰ．①设… Ⅱ．①贺… Ⅲ．①版式－设计－配色－教
材 Ⅳ．①TS881

中国版本图书馆CIP数据核字(2022)第212405号

内 容 提 要

本书是关于设计排版与配色的教程，运用独特的"积木"理念讲解设计原理，提出并解决设计中会遇到的问题，再结合各种类型的实例操作，让读者进一步掌握设计理论与方法。本书内容循序渐进，从基础到进阶，确保读者在学习完本书之后能够制作出好的作品，掌握向更高设计水平发展的基础知识。本书共 5 章：第 1 章介绍什么是设计积木，以及如何通过积木学习设计中的点、线、面，为读者建立一个用于设计的观察与分析系统；第 2 章介绍如何运用积木进行排版，讲述单元形和网格的构成方式，以及分割在构成中的多种作用；第 3 章介绍如何管理与调整色彩，并对其进行分析与优化；第 4 章系统地介绍配色的基本原理和方法，并为"积木"添加合适的颜色；第 5 章介绍好作品中好内核的作用，以及排版与配色的相关知识。

本书适合作为艺术设计专业的教材，也适合作为平面设计领域的入门及进阶教程。

◆ 编　著　贺　浪
　　责任编辑　张玉兰
　　责任印制　马振武
◆ 人民邮电出版社出版发行　　北京市丰台区成寿寺路 11 号
　　邮编　100164　电子邮件　315@ptpress.com.cn
　　网址　http://www.ptpress.com.cn
　　北京盛通印刷股份有限公司印刷
◆ 开本：787×1092　1/16
　　印张：21　　　　　　　　　　2023 年 4 月第 1 版
　　字数：726 千字　　　　　　　2023 年 4 月北京第 1 次印刷

定价：169.90 元

读者服务热线：(010)81055410　印装质量热线：(010)81055316
反盗版热线：(010)81055315
广告经营许可证：京东市监广登字 20170147 号

前言

　　排版和配色能力是一个设计师必须具备的能力，排版与配色问题是众多学习者在学习设计时普遍会遇到的专业瓶颈。在我的教学生涯中，"设计积木"这套方法已经帮助很多学员快速突破这一专业瓶颈。我正是基于"希望能够帮助更多学习者走出迷茫"这一初心来编写本书的。

　　市面上有不少图书致力于告诉初学者如何进行排版、配色，但是其中普遍存在两个问题。

　　第1个问题：大部分图书将排版和配色分离，讲排版的图书重点讲解几类常见的版式，讲配色的图书则重点介绍配色原理及配色方法。然而，排版和配色是不可分割的整体，脱离配色讲排版和脱离排版讲配色都缺乏实际应用价值，在实际的设计应用中，表现一个内容必然要将版式与配色综合应用。

　　第2个问题：只能让学习者机械地掌握几种版式和配色方法。这并不能真正让学习者突破专业瓶颈。事实上，排版和配色是随内容的变化而变化的。对于一个很漂亮的设计作品来说，如果更换其内容，可能就不能采用原来的配色和版式了，而是要根据内容的变化来改变版式和配色。改变的依据是什么，改变的尺度如何把控呢？这就要求设计师要理解设计原理，并深入地了解、掌握排版和配色的系统方法，这样设计师才可能将自己的想法准确表现出来，把设计做"活"。

　　本书中有关设计的系统方法、原理与原则基于我对瓦西里·康定斯基的《点线面》和《艺术家自我修养》等著作的解读，并结合多年设计经验总结而成。瓦西里·康定斯基是现代主义、抽象主义的奠基人之一，他的经典著作大多介绍的是超越视觉形态的艺术领域普遍存在的一些原理、原则和方法。近3年来，我反复研读他的著作，从中提取出了很多有关形式美学的原理与原则，结合自己的理解与大量的实例，以较方便理解的方式在本书中展现出来。

　　掌握排版与配色方法的关键在于深入理解其背后的形式逻辑。"问渠那得清如许？为有源头活水来。"只有找到排版和配色的"源头活水"，才能打造出属于自己的设计世界。

贺浪
2022年12月

资源与支持

本书由"数艺设"出品，"数艺设"社区平台（www.shuyishe.com）为您提供后续服务。

配套资源

设计源文件和设计素材。

资源获取请扫码

（提示：微信扫描二维码关注公众号后，输入51页左下角的5位数字，获得资源获取帮助。）

"数艺设"社区平台，为艺术设计从业者提供专业的教育产品。

与我们联系

我们的联系邮箱是 szys@ptpress.com.cn。如果您对本书有任何疑问或建议，请您发邮件给我们，并请在邮件标题中注明本书书名及ISBN，以便我们更高效地做出反馈。

如果您有兴趣出版图书、录制教学课程，或者参与技术审校等工作，可以发邮件给我们。如果学校、培训机构或企业想批量购买本书或"数艺设"出版的其他图书，也可以发邮件联系我们。

关于"数艺设"

人民邮电出版社有限公司旗下品牌"数艺设"，专注于专业艺术设计类图书出版，为艺术设计从业者提供专业的图书、视频电子书、课程等教育产品。出版领域涉及平面、三维、影视、摄影与后期等数字艺术门类，字体设计、品牌设计、色彩设计等设计理论与应用门类，UI设计、电商设计、新媒体设计、游戏设计、交互设计、原型设计等互联网设计门类，环艺设计手绘、插画设计手绘、工业设计手绘等设计手绘门类。更多服务请访问"数艺设"社区平台www.shuyishe.com。我们将提供及时、准确、专业的学习服务。

目录

第 3 章

万物有色：管理色彩　　　175

第 **4** 章

随类赋彩：给"积木"以颜色 233

第 **5** 章

察形观色：排版配色通关 287

第 1 章

设计积木：点、线、面

学习者在学习设计时容易遇到一个问题，即掌握了软件的使用方法，却不熟悉配色与排版的设计思路。其根本原因是没有掌握用于观察和分析设计的系统方法。本章将结合实例阐述点、线、面的构成原理，点、线、面的相对关系及对应的视觉心理，以帮助学习者系统地学习设计方法。

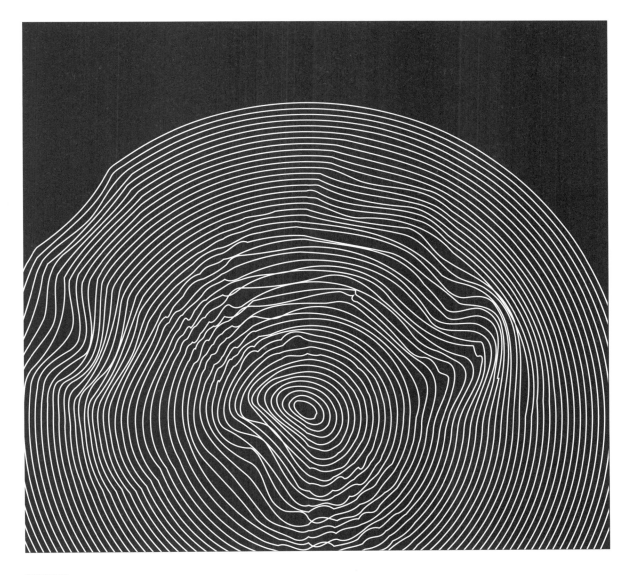

DESIGN
BUILDING BLOCKS

1.1 | 用点、线、面 构成世界

平面设计非常神奇,可以让人在一个平面上感知到空间、信息和情绪。这种感知依赖于人的心理认知和视觉表现语言的对应关系,人们会自然地把一幅平面设计作品想象为一个空间,这个空间中最小的元素是"点"。本节将阐述各种形式和状态的点给人带来的不同感受,并强调点是一个相对概念。

1.1.1 设计积木

画面内容安排得过于紧凑会使人感觉到"闷",这种感受与人在狭窄空间中感受到的"闷"相似。画面内容安排得杂乱无章可能会使人感觉到乱,这种感受与未摆放整齐的物品带给人的"乱"相似。我们可以把平面设计中的平面视为设计空间,构成这个空间的所有元素在本书中统一被称为"设计积木",如图1-1所示。

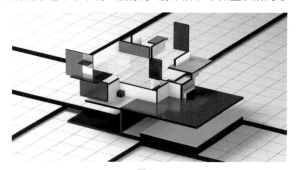

图1-1

1.1.2 一切从点开始

将这些元素称为"设计积木"是为了更形象、直观地阐述抽象、难懂的平面构成原理与设计法则。"设计积木"可分为点、线、面和体,最小的单元是点,点构成线,线构成面,面构成体。点相当于物理世界中的粒子,一切物质都是由粒子组成的。同样,在视觉设计中,一切形象都是由不同形态的点组合而成的,如图1-2所示。

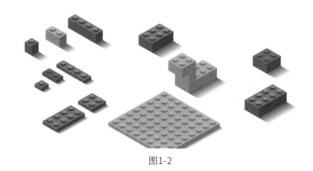

图1-2

点在设计构成中可以被赋予不同的属性,如颜色属性(红、黑)、形状属性(方、圆)、材质属性(墨、光)等。点的形态分类如图1-3所示。

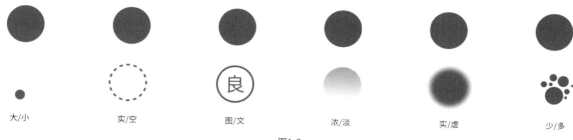

图1-3

不同属性的点可以传递给观者不同的信息和心理感受,点在版面空间中具有张力。当版面空间中只有一个点时,版面空间由于点的刺激而具有集中作用,人的视线会聚焦在该点上。点的紧张性和张力能给人一种扩张感。点在版面空间中的位置不同、数量不同、大小不同,给人的感觉也不同,点的分布如图1-4所示,点带给人的心理感受如图1-5所示。

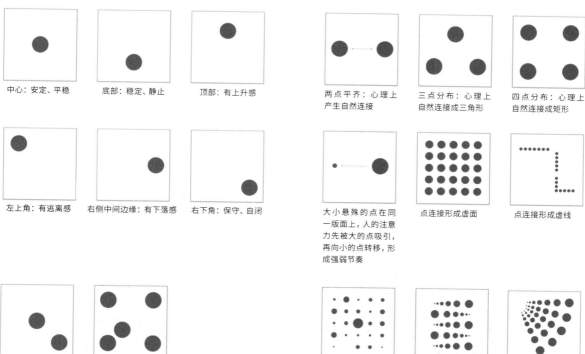

图1-4

图1-5

不同形状的点会给人不同的心理感受，圆形的点有活泼、跳跃和灵动之感，方形的点有庄重、稳定、阳刚和大气之感，三角形和菱形的点有尖锐、冲突、速度和科技之感，弯曲的点有柔美、流畅、运动和韵律之感。例如，瓦西里·康定斯基的抽象构成作品《构成第八号》中的点就有着丰富的形式变化，如图1-6所示。

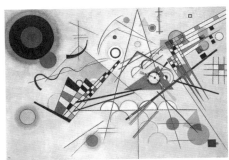

图1-6

点在空间中必须保持其最小单位的性质。点连续排列，可在视觉上构成线与面。物理世界中的粒子可以被细分为原子，再细分为夸克。同样，点在视觉构成中也可以被细分为更小的点。粒子因自然规律构建了世界，而视觉作品中的点因创作者的思想与情感构成了画面。例如，在点彩派画家乔治·修拉的作品中，使用点来构成画面这一技法得到了直观的体现，如图1-7所示。

图1-7

1.1.3 点是一个相对的概念

点在数学中没有大小属性，只有位置属性。点是一个相对的概念。例如，天空中的星星在我们眼中是一个个闪亮的点，但是当我们使用天文望远镜观察它们时，看到的就是一个个巨大的星球，如图1-8所示。视野中面积相对较小的可以被看作点，而视野中面积相对较大的可以被看作面。

图1-8

本书中提到的点的概念是相对的，会根据参考系的不同而发生改变。任何形状在一个参考系中相对视觉面积足够小时就可以被看作点。例如，下方作品中"大谷届"所占的视觉面积很大，是画面中的面元素；而左下角的单个英文字母相对小很多，又具有离散和重复的特点，可以被认为是画面中的点元素，如图1-9所示。相对于画面而言，面积较小的元素为点，而面积超过画面面积50%的元素可以被看作面，所以点和面是相对概念，如图1-10所示。

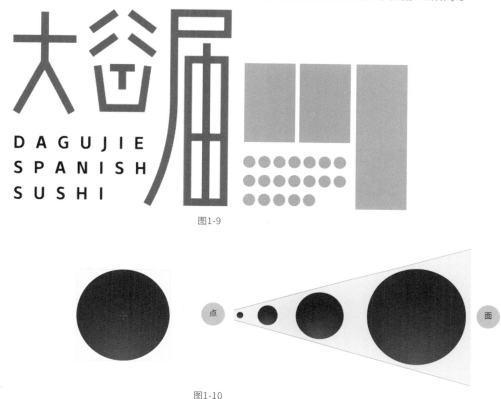

图1-9

图1-10

　　任何视觉形象都可以被看作点，如图1-11所示。它可以是规则的，也可以是不规则的；可以是平面的，也可以是立体的；可以是人，也可以是动物或植物等。

图1-11

1.1.4 构成练习

点在具体的设计应用中可以被替换为任何事物。为了强化大家对点的理解和运用，下面进行两个有针对性的练习：一个是将图像作品转换为由基本元素构成的画面，这能够强化大家概括复杂画面的能力；另一个是将构成元素替换为具象的图文，这能够强化大家将抽象元素演绎成丰富画面的能力。

• 构成概括练习

在Photoshop中打开"素材文件＞CH01＞构成练习"文件夹中的"梵·高名画-星空.jpg"，并调整其大小。选择背景图层，按快捷键Ctrl＋J复制背景图层，并将复制得到的图层重命名为"01"。选择"01"图层，并执行"图像＞调整＞阈值"菜单命令，效果如图1-12所示。该操作可以让我们更容易识别画面中的点元素。

提示

本书统一使用Illustrator 2018和Photoshop 2018。

图1-12

选择"椭圆工具" ◯，将画面中的点元素圈出来，如图1-13所示。然后选择"钢笔工具" ✐，设置"填充"为"无"，"描边"为"20像素"，沿着画面中的特征图像绘制线条，效果如图1-14所示。

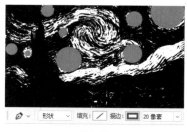

图1-13

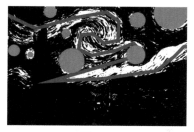

图1-14

选择"钢笔工具" ✐，将"填充"设置为浅灰色（R:204，G:204，B:204），设置"描边"为"无"。沿着画面下部树木与村庄的轮廓绘制形状，新建一个"02"图层，设置"填充"为黑色（R:0，G:0，B:0），并将该图层置于"01"图层的上一层，效果如图1-15所示。

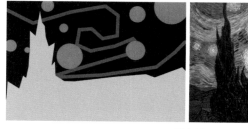

图1-15

• 构成演绎练习

　　在Illustrator中打开"素材文件＞CH01＞构成练习"文件夹中的图片"构成演绎练习.jpg"，锁定"图层1"，如图1-16所示。新建一个"01"图层，依次打开"构成演绎练习-点元素01.ai"和"构成演绎练习-面元素01.ai"两个文件，如图1-17所示。

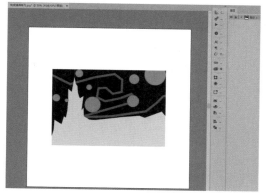

图1-16

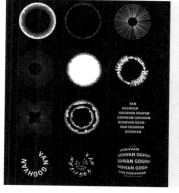

图1-17

　　尝试使用"构成演绎练习-点元素01.ai"文件中的点元素构成画面，效果如图1-18所示。尝试使用"构成演绎练习-面元素01.ai"文件中的面元素构成画面，效果如图1-19所示。

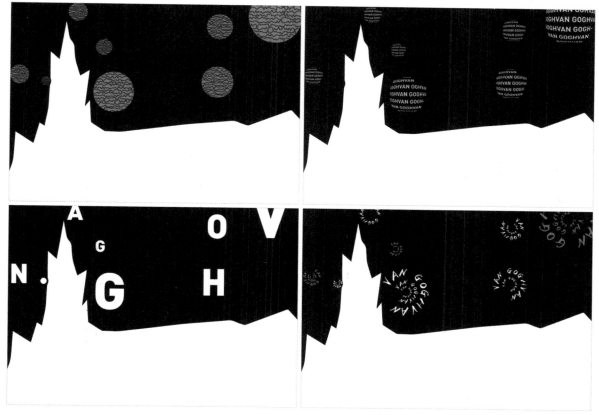

图1-18

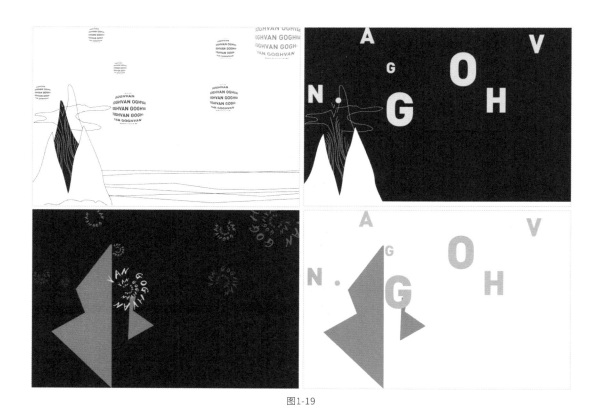

图1-19

打开"素材文件＞CH01＞构成练习"文件夹中的"构成演绎练习-线元素01.ai"文件，尝试使用"构成演绎练习-线元素01.ai"文件中的线元素构成画面，效果如图1-20所示，调整版式后的效果如图1-21所示。

图1-20

图1-21

人类的大脑能够将客观世界的表象通过主观的点、线、面等视觉语言表达出来，并且能够通过点、线、面等视觉语言来理解客观世界中的信息。这是人类独有的"编译"能力。要想成为一名专业的设计人员，就需要有针对性地强化这种"编译"能力，让自己的这种能力变得更强。具备了点的构成意识后，才会具备平面构成思维的基础能力——观察与思考能力。

反复练习将抽象的作品转换为具象的作品和将具象的作品转换为抽象的作品，有利于初学者培养自己的"编译"能力。例如，将皮特·科内利斯·蒙德里安的抽象作品转化为具象的设计作品，如图1-22所示。

对视觉表现语言的基本单位"点"有了更深刻的理解后，在对设计进行观察、思考和表现时，再错综复杂的画面都可以用点来解构，如图1-23所示。记住，一切从点出发，可以使思路保持清晰。

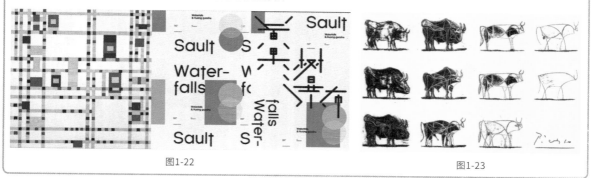

图1-22   图1-23

1.2 | 点的构成原理及其应用

　　所有的视觉形象都可以被认为是由点构成的。本节将结合实例阐述点在视觉构成中的应用，并归纳点的5种构成作用，最后介绍视觉引导与视觉度的概念。

1.2.1 生活中点的构成

　　《我的世界》这款游戏中的世界就是由一块块小积木搭建而成的，这个世界中最小的单位是立方体积木，可以认为一个立方体积木就是一个点，如图1-24所示。电梯间的LED屏也是由一个个点构成的，其视觉效果与黑白棋子交错摆放的视觉效果类似，如图1-25所示。

图1-24

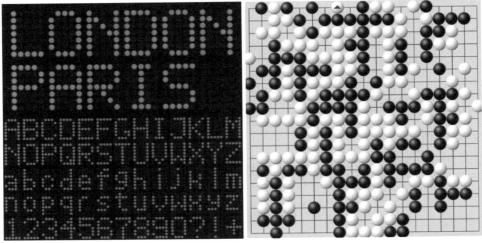

图1-25

实例：点的构成

下面通过眼睛图像帮助大家体会点的构成，可以使用Photoshop中的"彩色半调"效果进行制作。

01 打开"素材文件＞CH01＞实例：点的构成"文件夹中的"eye.jpg"文件，将图像复制一层并命名为"双色调"，隐藏"eye"图层，如图1-26所示。

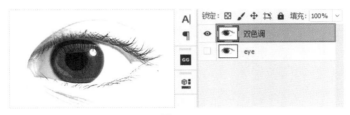

图1-26

02 选择"双色调"图层并执行"滤镜＞像素化＞彩色半调"菜单命令，在打开的"彩色半调"对话框中设置"通道1""通道2""通道3""通道4"均为128，如图1-27所示。"最大半径"需要根据图片尺寸进行设置，可以设置"最大半径"为8像素，也可以设置"最大半径"为20像素，"最大半径"值越大，构成画面的点就越大，点的数量就越少，如图1-28所示。

图1-27

图1-28

提示

运用"彩色半调"效果能够让我们更直观地理解点的构成原理。这种处理手法很有形式感，效果也具有视觉张力。在Illustrator中执行"效果＞像素化＞彩色半调"菜单命令也能得到相同的效果，如图1-29所示，设置方法与在Photoshop中的相同。

图1-29

1.2.2 点在排版设计中的应用

通过前面的学习，我们已经可以把任何复杂图像都想象为由点构成的画面，下面介绍点在排版设计中的具体应用。在观察图1-30所示的作品时，可以直接锁定主体图形，这是因为画面中的点起到了聚焦视线的作用。

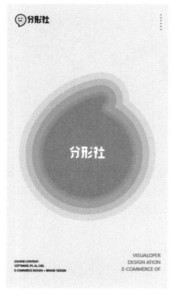

图1-30

当画面中存在两个点时，观者的视线会先聚集在其中一个点上，再转移到另一个点。如果这两个点完全相同，则观者的视线通常会从左向右或从上向下移动。如果两个点的大小不同，观者会先注意到较大的点。如果两个点颜色不同但大小一样，观者会先注意到颜色与背景对比强烈的点。当画面中存在3个或更多个点时，观者的视线移动方向会更加复杂。例如，图1-31所示的画面中就存在多个引导观者视线的点。

图1-31

点在排版中所起到的影响视觉构成的作用可以归纳为以下5种。

第1种：点的基本作用是聚焦视线，如图1-32所示。

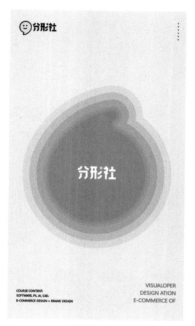

图1-32

第2种：多个点能引导观者的视线，如图1-33所示。

图1-33

第3种：点能够起到占位的作用。例如，作品版面左上角缺少元素时画面会显得不够饱满，在左上角添加点元素可让整个画面更加饱满，如图1-34所示。

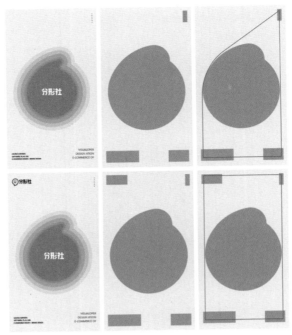

图1-34

第4种：点能起到点缀的作用，能够有效地丰富画面层次。例如，添加了点元素作为点缀的画面比没有添加点元素的画面在视觉效果上更丰富，如图1-35所示。

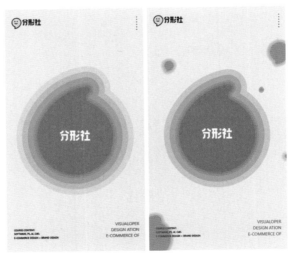

图1-35

第5种：点能起到强调的作用，常用于强调标题和关键词，如图1-36中的"形"字。

图1-36

实例：在排版设计中运用点

在排版设计中可以运用点元素来引导观者视线并强调画面内容。本实例中的文字虽然是画面主体，但是文字不清晰，且缺乏引导性。

01 在Illustrator中打开"素材文件＞CH01＞实例：在排版设计中运用点"文件夹中的"点在平面排版中的应用.ai"文件，如图1-37所示。可以看到文字是画面主体，但它在视觉上缺乏引导性，需要先将文字做隔断处理，使整个画面呈现"迷宫"效果。在"图层"面板中新建图层并绘制一个黄色的矩形（高度等于文字笔画的宽度减去描边宽度），效果如图1-38所示。

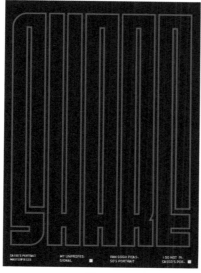

图1-37   图1-38

02 按住Alt键拖曳矩形，复制出5个矩形，效果如图1-39所示。选择所有深蓝色的文字和黄色的矩形，选择"形状生成器工具"，按住Alt键并将鼠标指针放置在画面左下角黄色矩形与蓝色文字的交界处，此时该区域呈虚线显示，单击即可减去该区域形状，效果如图1-40所示。

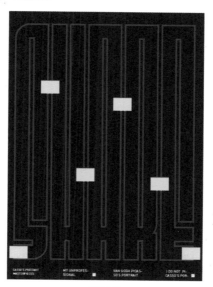

图1-39

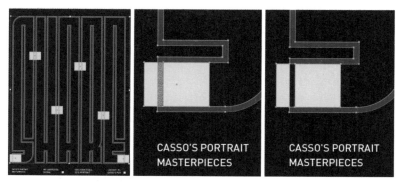

图1-40

03 将减去区域形状后生成的两个黄色矩形删除，处理好"迷宫"入口位置后使用相同的方法处理"迷宫"的出口位置，效果如图1-41所示。处理中间的4个矩形，方法与入口位置的处理方法相同，效果如图1-42所示。

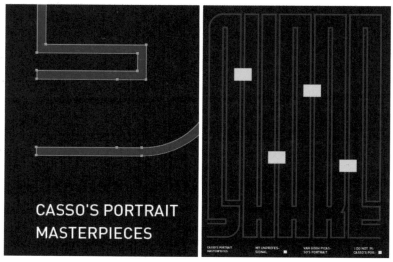

图1-41

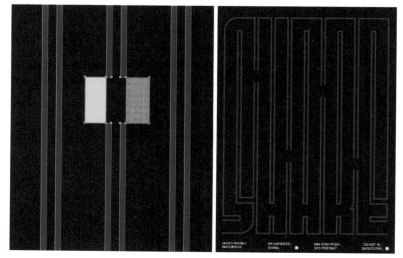

图1-42

04 选择"椭圆工具" ，按住Shift键拖曳创建一个圆形，使用"多边形工具" 创建一个蓝色（R:46，G:167，B:224）的三角形，将其置于圆形上并旋转90°，如图1-43所示。

图1-43

05 选择圆形与三角形，在右侧的"属性"面板中找到"路径查找器"，单击"减去顶层"按钮 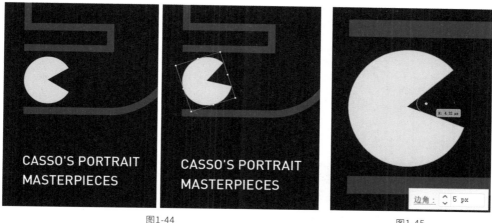 即可减去三角形区域，制作出"吃豆人"形象，并将其稍微旋转一定角度，效果如图1-44所示。使用"直接选择工具" 选中尖角处的锚点，设置"边角"为"5px"，如图1-45所示。

图1-44   图1-45

06 运用点元素来引导观者视线。创建一个小圆并设置"颜色"为暖黄色（R:255，G:145，B:0），效果如图1-46所示。选择暖黄色小圆后按住Alt键拖曳，对其进行复制，使其位于"迷宫"路径的中间区域，效果如图1-47所示。

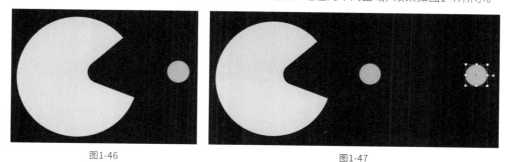

图1-46   图1-47

07 多次复制小圆并调整它们的位置，效果如图1-48所示。

　　点元素在这个案例中起到了多重作用：连续排列的点元素有引导视线的作用，同时让画面具有节奏感；点元素的颜色与背景颜色反差较大，它获得了很高的视觉度，在画面中还起强调作用，如图1-49所示。

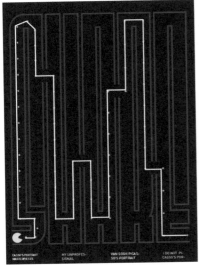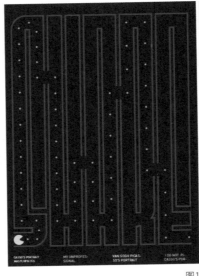

图1-48

图1-49

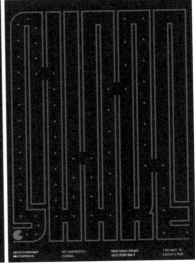

1.2.3　视觉度与视线引导

　　通过前面的学习，我们知道多个点能引导观者观看平面设计作品的视线，这里介绍一个关于视线引导的非常重要的概念——视觉度。在设计作品的画面中，视觉度高的点总是能先吸引到观者的注意力；视觉度越低，则越难吸引到观者的注意力，因此观者视线在平面设计作品中的移动轨迹是由画面上视觉点的视觉度高低决定的，如图1-50所示。

图1-50

　　除了视觉度的高低，大量测试还验证了7点影响视觉度的规律。可以根据影响视觉度的各种规律来分析平面设计作品中的视线移动轨迹，为设计创作提供很好的参考。

第1点： 视觉度高的对象更容易被看作主体，视觉度低的对象则往往作为背景，示例效果如图1-51所示。

图1-51

第2点： 面积大的对象比面积小的对象的视觉度高，示例效果如图1-52所示。

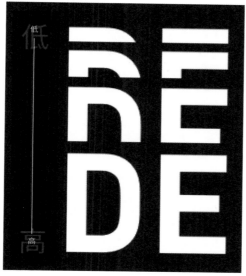

图1-52

第3点： 复杂的对象比简单的对象的视觉度高，示例效果如图1-53所示。

图1-53

第4点： 颜色艳丽、对比强烈的对象比颜色灰暗、对比较弱的对象的视觉度高，示例效果如图1-54所示。

低 —————————————— 高

图1-54

第5点： 视觉入点处的对象比视觉出点处的对象的视觉度高，示例效果如图1-55所示。

高 —————————————— 低

图1-55

第6点： 位于视觉中心的对象比视觉中心外的对象的视觉度高，示例效果如图1-56所示。

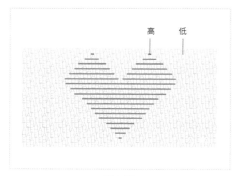

图1-56

第7点： 在运动图像中，运动的对象比静止的对象的视觉度高，示例效果如图1-57所示。

高 —————————————— 低

图1-57

1.3 线的构成原理 及其应用

现实世界中的万事万物都在运动，平面设计也遵循这一原理。点运动产生的轨迹就是线，线在运动中形成面。本节将结合实例深入阐述线的构成原理及其应用方法等，帮助学习者建立设计平面作品所需的思维模型。

1.3.1 线是运动的点

前面讲到点作为一个相对概念可以实体化为任何物体，而线作为点的运动结果，可以用来描述这些物体的运动状态。飞机在天空中留下的尾迹是有形的线，如图1-58所示。

图1-58

从设计视觉心理的角度讲，除有形的线外还有很多无形的线。例如，一对恋人分开多年后在街头偶遇，隔街而望，这时连接他们的是无形的视线；人们在电影院门口看一张海报时，视线会在画面上按一定方向移动，这也会产生无形的线。图1-59中的视线就是无形的线（用红线表示，以方便理解）。

图1-59

和点一样，线的基本属性叠加其他属性，如形状、方向、宽度等，会带给人们不同的视觉体验，如图1-60所示。"线＋形状"属性可得到直线和曲线，"线＋方向"属性可得到水平线、垂直线和斜线，"线＋宽度"属性可得到粗线和细线。

图1-60

不同形态的线会带给人们不同的视觉感受，如图1-61所示。横线能给人以静止、安定与平和的视觉感受；竖线富有庄严、肃穆、挺拔之感；斜线富有动感，在排版设计中往往能打破呆板的布局，让人联想到滑雪和飞机等；曲线富有流畅感、张力、弹性和柔美感；细线富有纤细感和轻巧感。

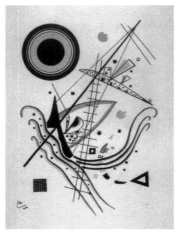

图1-61

技术专题："格式塔"原理

当线与人们脑海中的意象产生重叠时，人的大脑就会自行"脑补"，将意象的形态特征与当前的视觉特征联系起来，这种视觉心理感受的原理便是"格式塔"原理（阐述"平面排版四原则"的客观支撑）。如图1-62所示，左图中3个"吃豆人"的摆放位置会让人自行"脑补"出中间白色背景区域的三角形，右图中的斑点会让人自然地"脑补"出一只斑点狗。这些都能用"格式塔"原理解释。

每个人在生活中都积累了各种感官体验，如狗的特征和三角形的轮廓等，这些感官体验都存储在人的大脑中，并成为潜意识的组成部分。从画面中感知到这些特征时，大脑相应部分会被激活并产生"脑补"反应。

了解这些原理对排版设计有好处吗？要想系统地掌握排版与配色设计基础，就必须理解设计原则及其背后的原理，从而掌握建立在设计原则上的具体排版技巧。有些初学者之所以不能掌握排版设计，正是因为只知其然，而不知其所以然，做不到融会贯通、举一反三。

"格式塔"原理广泛应用于设计中。例如，采用"拆字法"进行字体设计时，虽然图1-63中的"食"字已经不完整了，但我们还是能够通过自行"脑补"而认出该字；如果去除"食"字左下角的竖钩笔画，我们就无法识别这个文字了，因为该字的基本特征被破坏了。

图1-62

图1-63

1.3.2　线是一个相对的概念

　　线是一个相对的概念，线是视觉构成中相对细长的元素，这一概念所参考的正是同一画面中的点和面。画面中的线粗到一定程度（一般长度与宽度接近时），如果视觉面积比较小，则接近于点；视觉面积比较大，则接近于面。面是画面视觉构成中的主体部分；点是辅助部分；线则是连接点和面，使它们成为一个完整结构的连接部分，如图1-64所示。

图1-64

1.3.3　线在排版设计中的应用

　　线通常配合点和面来构成完整的画面。线在排版设计中的作用可以归纳为以下5点。

　　第1点： 线最基本的功能是连接、引导等组织功能。其连接作用体现在连接画面中的点和面上，它能让点和面两个层次间产生过渡效果，如图1-65所示。其引导作用体现在引导视线方面，如具有指示说明作用的线，如图1-66所示。

图1-65

图1-66

第2点：线能够分隔元素与版面，让画面具有条理性，如图1-67所示。

图1-67

第3点：线能够起到填充、占位的作用，如图1-68所示。

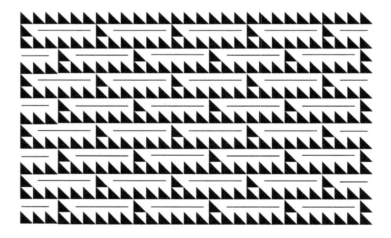

图1-68

第4点： 线可以构成画面。线密集排列可以形成面，图1-69所示的画面就是将水平线密集排列后形成的圆面。

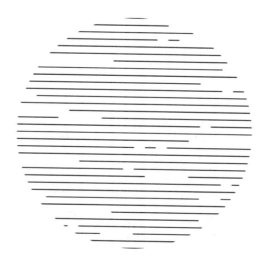

图1-69

第5点： 线可以起到强调作用。例如常用下划线来强调主标题或关键词。同等粗细的点和线，线的强调比点的强调拥有更高的视觉度。在图1-70中，上图展示的是线的强调，下图展示的是点的强调。

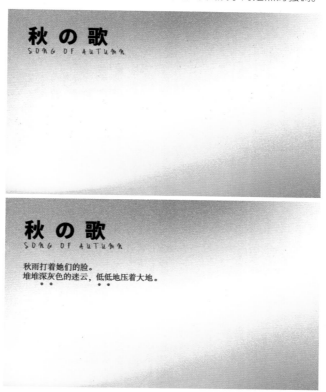

图1-70

实例：用线构成"设计积木"海报

 本例的矩形造字设计虽然内容简单、主体清晰，但是由于内容过于简单且文字紧凑，因此画面缺少层次感。为了丰富画面的层次，可以为其增加点元素与线元素。

01 在Illustrator中打开"素材文件＞CH01＞实例：用线构成'设计积木'海报"文件夹中的"设计积木.ai"文件，该文件中的文字是用矩形造字法完成的，排列成矩形的4个字给人一种紧凑有余但缺少层次感的感觉，如图1-71所示。下面尝试丰富其层次。

图1-71

02 在"设计积木"文字下方增加英文。增大字间距，使其显示为两行，并让英文与"设计积木"文字分散对齐，从而形成疏密和大小对比，效果如图1-72所示。

图1-72

03 在画面左侧输入两列竖排文字，同样增大字间距，设置"颜色"为红色（R:193，G:39，B:45），效果如图1-73所示。这样竖排文字的方向与主体文字的方向就产生了对比，从而丰富了层次。

图1-73

04 在画面左下角输入两行更小的字，该文字距离主体文字较远，如图1-74所示，形成了更丰富的层次。至此，画面形成了主、次、辅3个层次，但是4个文字块之间缺少联系。

图1-74

05 线的连接作用在这里就体现出来了。绘制一个矩形，用矩形把4个文字块联系起来，效果如图1-75所示，可以看到画面的整体感已经表现出来了。

图1-75

06 在画面右下角绘制一个圆形作为点缀元素，同时平衡画面。在圆形上绘制一条线，效果如图1-76所示，以此来打破呆板感，并起到占位、引导的作用。调整后的效果比调整前的效果更具有形式感，如图1-77所示。

图1-76

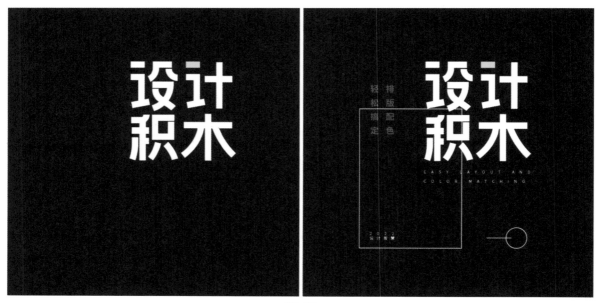

图1-77

实例: 制作影展海报

在凌乱且没有层次感的海报中,可以利用线元素来分割画面,以突出海报的重点内容并引导观者的视线。

01 使用Photoshop打开"素材文件>CH01>实例:制作影展海报"文件夹中的"影展海报-原图.psd"文件,如图1-78所示,可以看到背景图中文字分布得有些散乱,没有重点,给人一种不知从何看起的感觉。

图1-78

02 这里用线的引导功能来优化画面。选择"钢笔工具" ⌀,将"填充"设置为"无",设置"描边"为黄色(R:255,G:241,B:0)、"8像素",如图1-79所示,在图文间绘制用于引导视线的线。

图1-79

03 为了让画面的节奏更加明朗,需要绘制一条长折线来分隔大字区域与小字区域。沿着文字的大体轮廓绘制,效果如图1-80所示。再绘制一条长折线,以分隔画面中心与顶部的文字块,效果如图1-81所示。

图1-80

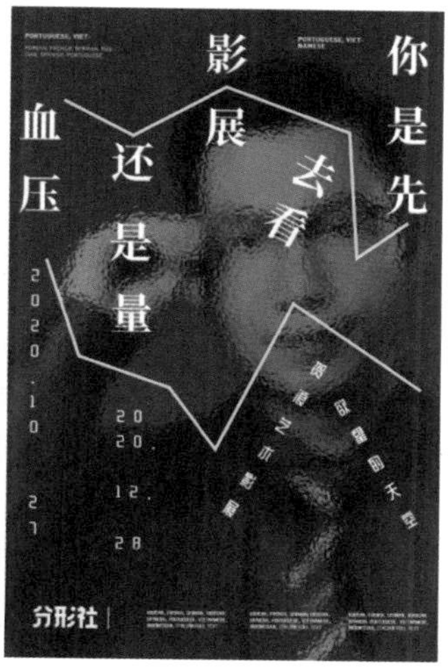

图1-81

04 绘制一条短一点的折线来分隔画面中心与底部的文字块；为了使左侧的日期间产生联系，同时平衡整个画面，再绘制一条短线来连接日期，效果如图1-82所示。相比未添加线条的海报，添加了线条的海报的视觉引导效果要出色很多，如图1-83所示。

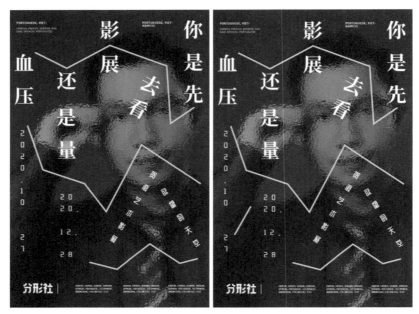

图1-82

图1-83

1.4 面的构成原理及其应用

对象在画面中占的视觉面积足够大时就可以被视作面，在画面中占的视觉面积足够小时会被看作点，如图1-84所示。本节除了强调面是一个相对概念，还会阐述面的构成原理、面与体的关系，并会结合实例阐述面与体在排版设计中的应用方法。

图1-84

1.4.1 面与体

由于面可以被理解为线的移动结果，而线可以被理解为点的移动轨迹，因此可以把面理解为点在x轴、y轴平面上的移动区域（矩阵），面再沿z轴移动便会形成体，这就是点、线、面、体四者间的相对关系。线在平面上旋转则形成圆形面，线沿x轴或y轴平移则形成矩形面。

• 线转换为面的过程

在Illustrator中新建一个800像素×800像素的文档，选择"钢笔工具" ，绘制一条无填充且"描边"为"4pt"的线段，如图1-85所示。

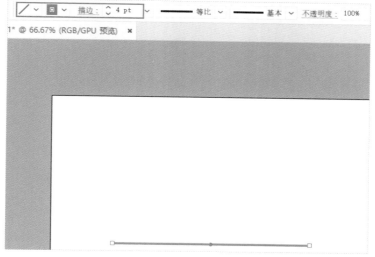

图1-85

选择线条后按快捷键Ctrl＋C进行复制，再按快捷键Ctrl＋F进行粘贴，在原位得到一条新的线条，如图1-86所示。

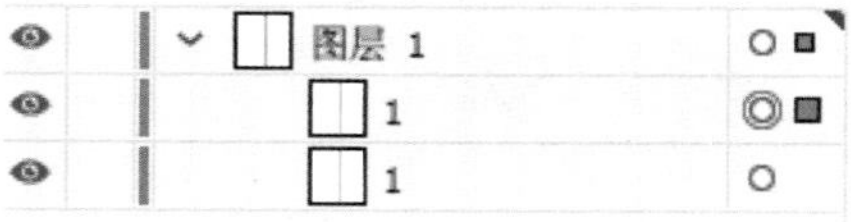

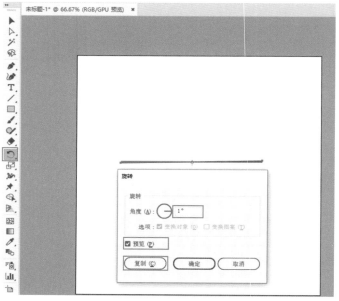

图1-86

选择"旋转工具"↻，按住Alt键单击线条中心的锚点（确定旋转中心的位置），然后在弹出的"旋转"对话框中勾选"预览"选项并设置"角度"为1°，单击"复制"按钮，如图1-87所示。

图1-87

反复按快捷键Ctrl＋D直至线条旋转复制形成面，按快捷键Ctrl＋A选中所有的线，设置"描边"宽度为"1像素"，效果如图1-88所示。

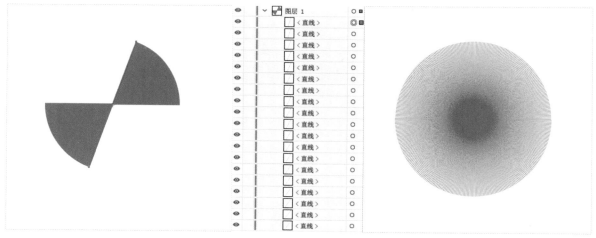

图1-88

线平移成矩形的过程

使用Illustrator打开"素材文件＞CH01＞线平移成矩形的过程"文件夹中的"线平移成面文件.ai"文件。选择画布中的线，在按住Alt键的同时按住鼠标左键并向右拖曳，松开鼠标后将复制出一条线，如图1-89所示。

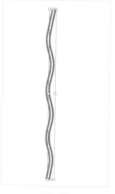

图1-89

反复按快捷键Ctrl＋D复制线，形成面，如图1-90所示。

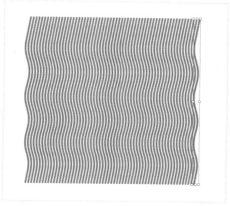

图1-90

提示

面通过连接、分割和旋转等方式可以形成不同形态的三维实体。例如，在Cinema 4D中，想进行曲面建模只需要准备一条路径和一个截面，执行扫描操作后即可生成实体，如图1-91所示。

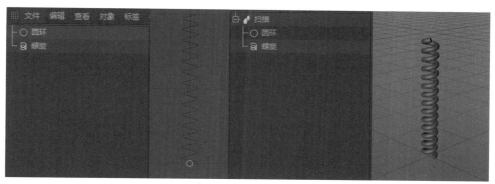

图1-91

面转换为体的过程

使用Illustrator打开"素材文件＞CH01＞面转换为体的过程"文件夹中的"面旋转成球.ai"文件，如图1-92所示，选中半圆形，执行"效果＞3D＞绕转"菜单命令。

图1-92

勾选"预览"选项后即可看到由画面中的半圆形旋转而成的球体，如图1-93所示。如果设置"角度"为218°，则可看到图1-94所示的效果。

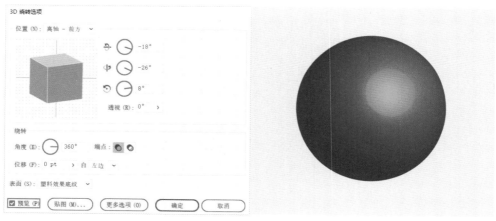

图1-93

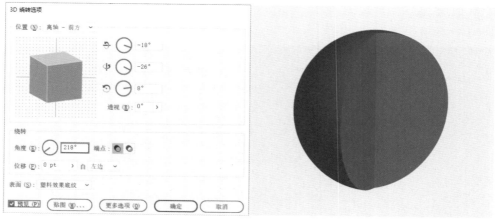

图1-94

单击"确定"按钮后选中球体，执行"对象＞扩展外观"菜单命令，效果如图1-95所示，这一步的作用是让生成的球体转曲。

图1-95

● 平面形平移挤出成体的过程

　　使用Illustrator打开"素材文件＞CH01＞平面形平移挤出成体的过程"文件夹中的"社.ai"文件，选择"社"文本，如图1-96所示。

图1-96

　　执行"效果＞3D＞凸出和斜角"菜单命令，在弹出的"3D 凸出和斜角选项"对话框中设置"位置"为"等角－右方"，"凸出厚度"为"20pt"，并勾选"预览"选项，可以看到平面文字产生了立体效果，如图1-97所示。

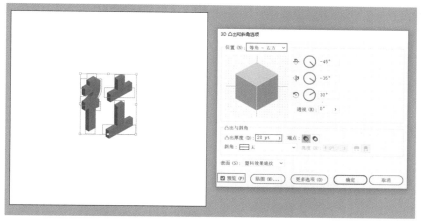

图1-97

单击"确定"按钮后选中立体文字，执行"对象＞扩展外观"菜单命令完成转曲，效果如图1-98所示。

图1-98

提示

特别注意，因为立体图像是双眼看到两个不同视角的图像后在大脑中混合形成的，所以在纸张、屏幕等平面载体上一般用符合透视规律的平面图形、明暗光影来表现画面的立体感。

1.4.2 面与体在排版设计中的应用

面与体在排版设计中一般充当视觉主体，作为视线的焦点存在于画面中。本小节将通过实例来帮助大家理解面与体在排版设计中的应用。

• 面在排版设计中的应用

面在排版设计中起两点作用：分隔信息模块与强调画面主体。

第1点： 面的核心作用是分隔信息模块，提高信息的易读性。因此，如果想让观者轻松理解画面中的信息，就需要把信息分成彼此间隔的清晰的面，这样观者可以根据面与面之间的距离、颜色的差异来区分不同的信息模块。间隔明显的面的易读性要高于间隔不明显的面的易读性，如图1-99所示。

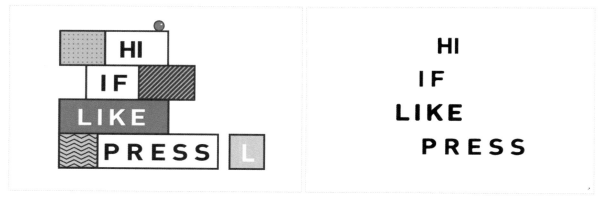

图1-99

可以运用不同形态的面对画面信息进行分隔。例如，将矩形面叠压在背景图片上方，将主要内容信息与背景分隔开，从而有效提高画面信息的可读性，如图1-100所示。

图1-100

面的分隔可以通过分割平面来实现，也可以通过叠压图层的方式实现。例如，在排版设计中将面叠压在背景图片上，这样可以强化信息主体并活跃画面，如图1-101所示。又例如，在排版设计中可以使用随机的曲面来划分信息模块，如图1-102所示。

图1-101

图1-102

第2点： 点和线在排版中能起到强调作用，面同样有强调的作用，而且面的强调效果比点和线的更直观、明显。

• 体在排版设计中的应用

体在排版设计中起4点作用，包括构建层次、增强透视感、加强空间效果和增强立体感。

第1点： 构建层次。可以运用层叠关系区分画面层次，如进行文字的叠加，示例效果如图1-103所示。

图1-103

第2点： 增强透视感。用具有立体感的背景图进行排版设计，如图1-104所示，即使搭配简洁的文字也不会显得呆板。

图1-104

第3点： 加强空间效果。采用体的倾斜与透视原理可以制作出具有阶梯层次的空间效果。若将其应用到文字上，则能赋予文字空间感与透视感，示例效果如图1-105所示。

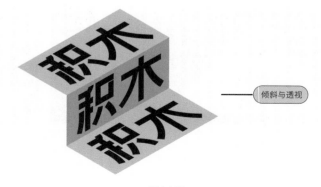

图1-105

第4点： 增强立体感。立体设计本质上是平面层次的推进，可以有效解决画面太"平"的问题，示例效果如图1-106所示。

图1-106

实例：海报中面与体的应用

立体字具有空间感，可以用来丰富画面并保持画面简洁。

01 使用Illustrator打开"素材文件＞CH01＞实例：海报中面与体的应用"文件夹中的"海报中体的应用.ai"文件，可以看到海报上的文字已经完成了分组，层次清晰、简洁但略显单调，左侧留出了70%的版面空间，如图1-107所示。

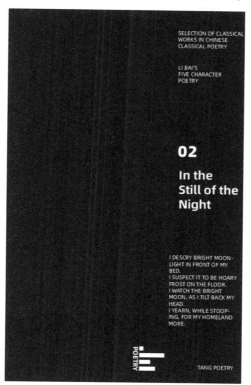

图1-107

02 新建一个图层并输入数字"2"，设置字体为"汉仪旗黑"，设置字体大小为"250pt"，如图1-108所示。选中数字后执行"对象＞扩展"菜单命令，在弹出的"扩展"对话框中单击"确定"按钮，如图1-109所示。

图1-108   图1-109

03 想在立体字上添加条状纹理，需要先定义条纹符号。选择"矩形工具" ▭，绘制一个"宽"为"130px"、"高"为"8px"的矩形，如图1-110所示。

图1-110

04 选中矩形后按住Alt键往下拖曳一定距离，复制出一个矩形，按两次快捷键Ctrl＋D，效果如图1-111所示。通过"窗口"菜单打开"符号"面板，选中创建的4个矩形并将它们一起拖曳到"符号"面板中，如图1-112所示。

图1-111   图1-112

05 在弹出的"符号选项"对话框中设置"名称"和"符号类型"，单击"确定"按钮后，可以在"符号"面板中看到新增的"条纹"符号，如图1-113所示，现在可以删除画布上的4个矩形，以保持画面整洁。

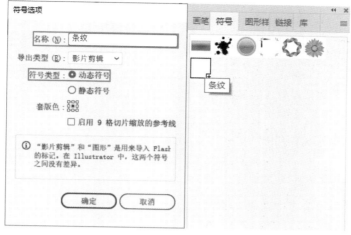

图1-113

06 为数字"2"制作立体效果。选中数字"2"并执行"效果＞3D＞凸出和斜角"菜单命令，设置"位置"为"等角－右方"，"凸出厚度"为"60pt"，勾选"预览"选项，如图1-114所示。

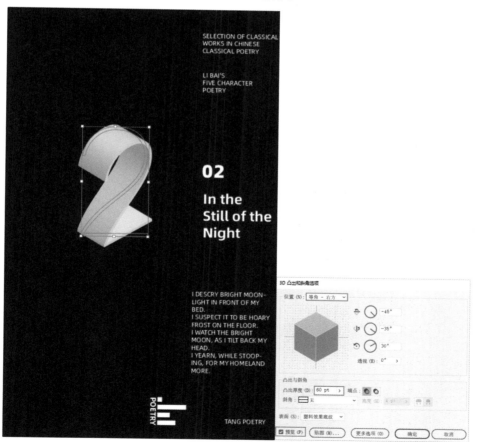

图1-114

07 单击对话框底部的"贴图"按钮，进行条纹贴图的设置。在弹出的"贴图"对话框的"符号"下拉列表中选择之前定义的"条纹"符号，如图1-115所示。

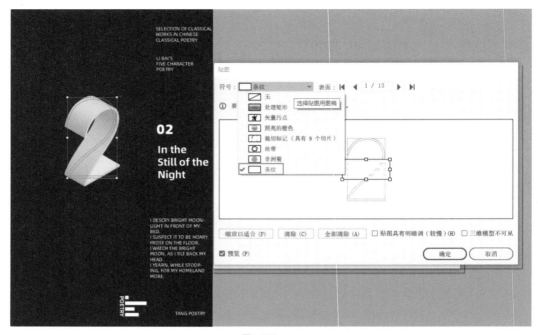

图1-115

08 可以看到条纹贴在了数字"2"的侧面，而本例需要将条纹贴在数字"2"较宽的面上。此时可单击"表面"右侧的"下一个表面"按钮▶切换表面，画布中数字"2"相应的面会随着切换高亮显示；然后切换到"3"号面，设置"符号"为"条纹"。单击对话框左下角的"缩放以适合"按钮，使条纹适配曲面，如图1-116所示。

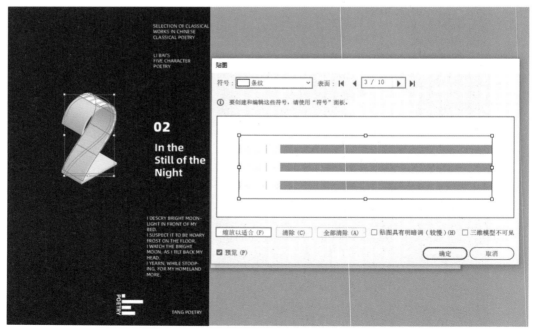

图1-116

09 使用相同的方式设置4号、7号、8号、10号面的条纹，并使条纹适配曲面，如图1-117所示。依次单击"贴图"对话框和"3D 凸出和斜角选项"对话框中的"确定"按钮，效果如图1-118所示。

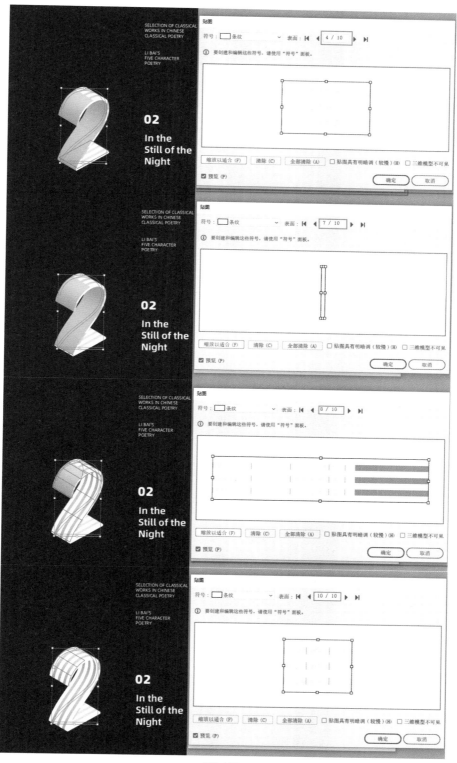

图1-117

图1-118

10 执行"对象＞扩展外观"菜单命令，把立体字调整到合适的大小。选中数字后单击鼠标右键，在弹出的快捷菜单中执行"取消编组"命令。重复执行"取消编组"命令，直到不能执行"取消编组"命令为止，如图1-119所示。

图1-119

11 编辑数字的各个曲面，删除其侧面与底部的狭窄面，如图1-120所示。调整每个曲面的位置，使它们无缝衔接在一起，效果如图1-121所示。

图1-120

图1-121

提示

如果Illustrator中的"视图 > 对齐像素"菜单命令处于激活状态，请单击该命令，使其处于未激活状态，这样可以方便操作者更加精准地调整细节。

⏹12 检查画面，会发现数字"2"顶部的曲面被分成了两部分，需要将其拼合在一起。选中顶部左侧曲面后单击鼠标右键，在弹出的快捷菜单中执行"释放剪切蒙版"命令，剥离贴图和曲面，效果如图1-122所示。对顶部右侧的面进行相同的处理，效果如图1-123所示。

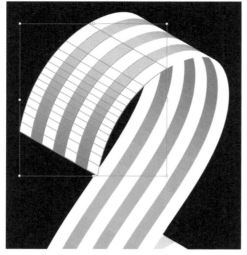

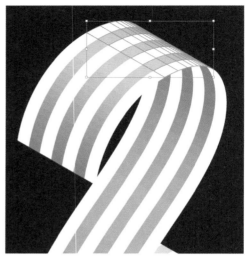

图1-122 图1-123

⏹13 选中顶部的两组贴图，执行"窗口＞路径查找器"菜单命令，打开"路径查找器"面板，单击"联集"按钮，对它们进行合并，如图1-124所示。选择顶部的两组曲面，同样单击"联集"按钮，对它们进行合并，如图1-125所示。对中间的曲面进行相同的处理，效果如图1-126所示。

图1-124

图1-125

图1-126

14 为了让立体字与背景融合并保证画面简洁，需设置所有灰色条纹的颜色与背景颜色相同，并将白色条纹统一设置为青蓝色（R:122，G:215，B:244），如图1-127所示。这个简约风格的海报就制作完成了，拥有立体造型的数字"2"让画面有了视觉主体，也让画面结构变得更加完整。

图1-127

1.4.3 点线面的组合运用：用点线面抽象分析图

　　设计者需要拥有将具体的设计抽象为由点构成的图、由面构成的图、由线构成的图和由点线面构成的图的能力，这样可以使分析思路更清晰。点构成图和面构成图可以帮助设计者看出画面元素间的疏密关系和分割关系，而点线面构成图可以用来分析画面中的对比关系及视觉引导线，如图1-128所示。

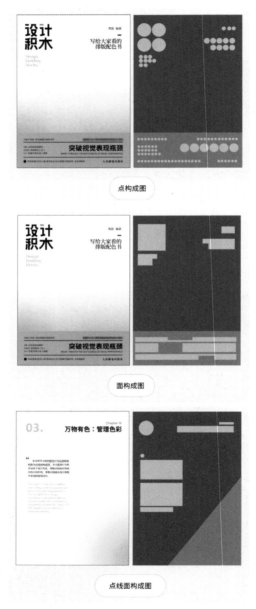

图1-128

　　用点来进行构成分析时需要将面拆分为点的矩阵，用面来进行构成分析时画面中的元素要根据面积概括为一个个面，用线来进行构成分析时元素不论粗细都会被概括为线。点线面构成图可以用来审查整个画面的疏密、分割、层次等多种关系。使用点线面来进行构成分析时，应把画面中相对较大的对象概括为面，将相对较小的对象概括为点，将相对较细长的对象概括为线。

实例：面构成图与线构成图的制作

本例先使用Photoshop中的"高斯模糊"滤镜或"马赛克"滤镜等处理画面，再进行点线面构成分析，这样可以随着模糊或马赛克程度的递减，逐步进行深入的构成分析。

面构成图

01 使用Photoshop打开"素材文件＞CH01＞实例：面构成图与线构成图的制作"文件夹中的"影展.psd"文件，选中最顶层图层，按快捷键Ctrl＋Alt＋Shift＋E对图片进行盖印，效果如图1-129所示。选中盖印的图层并执行"滤镜＞模糊＞高斯模糊"菜单命令，设置"半径"为"66.8像素"，对图片进行调整，效果如图1-130所示。

图1-129

图1-130

02 为该图层添加马赛克效果。执行"滤镜＞像素化＞马赛克"菜单命令，设置较大的"半径"值，从而得到概括性强的大块面，如图1-131所示。

图1-131

03 选择"钢笔工具" ✐，沿着马赛克图像的轮廓绘制出封闭的形状，得到海报的面构成图，效果如图1-132所示。

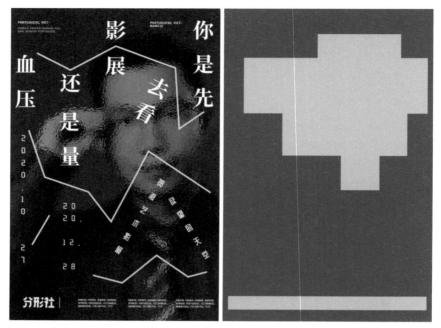

图1-132

· 线构成图

01 使用Photoshop打开"素材文件＞CH01＞实例：面构成图与线构成图的制作"文件夹中的"影展.psd"文件，选中最顶层图层，按快捷键Ctrl＋Alt＋Shift＋E对图片进行盖印，对盖印图层执行"滤镜＞其它＞高反差保留"菜单命令，并设置半径参数。执行"滤镜＞滤镜库"菜单命令，在弹出的对话框中选择"艺术效果＞调色刀"滤镜后单击"确定"按钮，如图1-133所示。

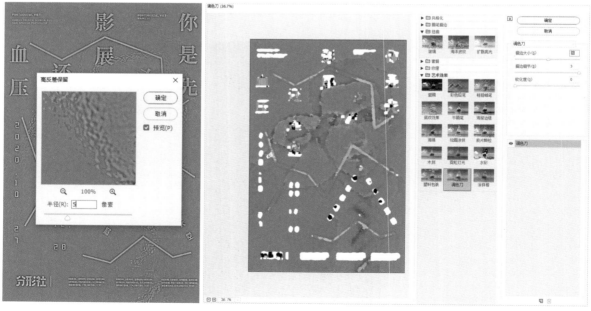

图1-133

02 对处理后的图片进行画面构成分析会比较容易。画面中相对较小的对象可以概括为点，画面中相对较细长的对象可以概括为线，综合点、线、面的构成就能得到比较明晰的构成图，如图1-134所示。这张构成图能够帮助设计者对画面进行系统的分析，效果如图1-135所示。

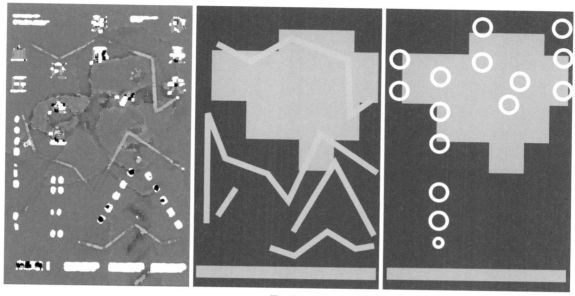

图1-134

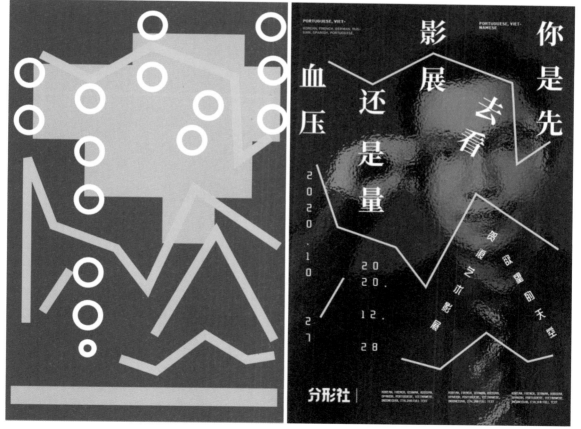

图1-135

1.5 点线面 与视觉心理

虽然每个人对美都具有敏锐的原始感知能力，但并不是每个人都能够清楚阐述美感产生的原理。要想学好设计，就需要深入了解视觉心理原理。本节一方面详细阐述黄金比例、对称律等美学现象和视觉心理原理，另一方面阐述人眼所见的事物并不是完全客观的，并枚举多种常见的视错觉现象，以加强学习者对视觉心理原理的理解。

1.5.1 视错觉枚举

视错觉是客观存在的，将其用于设计中常常会产生令人意想不到的效果，如果需要控制画面中的视觉效果，就必须对其有所了解。常见的视错觉现象有以下8种。

第1种：视觉平衡不等于物理平衡。面积相等的圆形、正方形和矩形在视觉感受上大小不一，如果想在视觉上实现统一，就需要进行相应调整。由此可见，"眼见为实"也不是绝对正确的，如图1-136所示。视觉平衡经常应用在UI图标设计和文字设计中，如图1-137所示。

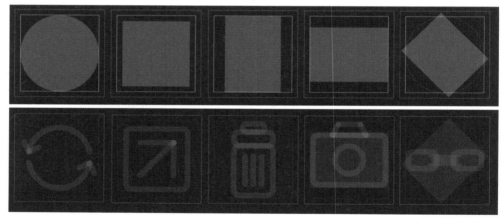

图1-136

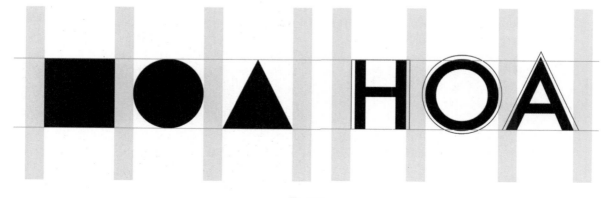

图1-137

第2种： 人眼看到的在画面正中的圆点实际上在画面中偏右下，之所以会产生这种视错觉，是因为人眼具有视觉倾向性，大脑更倾向于将偏左上的位置认作视觉中心。例如，汉字"田"的4个方形面积不完全一样，如图1-138所示。

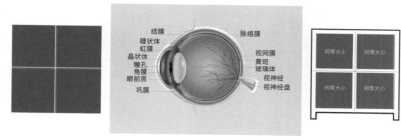

图1-138

第3种： 直线与曲线的过渡需要额外进行调整才能形成。例如，图1-139所示的UI图标的圆角就需要手动增大曲率。

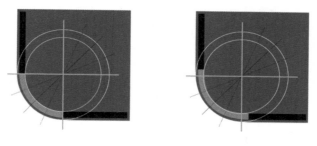

图1-139

第4种： 同等大小的圆形，放置在上方和下方时看上去不一样大，如图1-140所示。

图1-140

第5种： 马赫带效应。把同色系的渐变色带放置在一起，会发现色带边缘处会出现并不存在的阴影，这种视错觉被称为"马赫带效应"，其实图像中并未加入阴影，只是人眼产生了视错觉而已，如图1-141所示。

图1-141

第6种： 赫林错觉。两条平行线受斜线的影响，在视觉上会呈弯曲状，如图1-142所示。

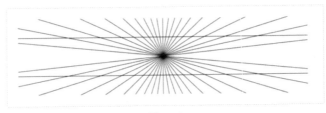

图1-142

第7种： 水平垂直错觉。呈倒T状排列的两条等长的线，竖线看上去比横线长，如图1-143所示。

图1-143

第8种： 同样长的两条横线，在两端加上箭头，箭头方向朝内的线看上去比箭头方向朝外的线长，如图1-144所示。

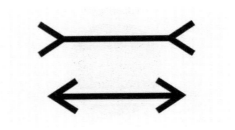

图1-144

只有认识到视错觉的客观存在才能在设计时对其加以应用。例如，V领衫的设计正是对视错觉的合理运用，V领能够让人的身材看上去更修长。同理，还有条纹衫，条纹衫上的条纹大多是横向的，如图1-145所示，这是因为穿条纹横向排列的条纹衫比穿条纹竖向排列的条纹衫看起来更显瘦。

图1-145

1.5.2　视觉心理与设计原理

　　生活中还存在很多客观规律：例如，人们更喜欢对称的东西，因为对称会给人以安全感；相比转角尖锐的造型，人们更喜欢弧形，因为转角圆滑的造型会让人感觉更流畅。在设计文字造型时，字体的宽窄、形状和大小都可能影响文字的整体视觉效果。例如，上下结构的文字设计成上紧下松的样式更富有美感。这些现象其实都遵循视觉心理原理，同时间接影响一些设计原理，如图1-146所示。

图1-146

　　关于美或不美的说法没有明确的界定，但是笔者认为可以把美简单地理解为"看起来舒适"，从这个角度来说，美是一种情绪感受。美不美，用语言难以描述清楚，但是想做好设计，就有必要理解其背后的视觉心理知识。能让人感受到美的原因可以归纳为以下两点。

　　第1点：便于阅读。在当前这个信息"爆炸"的时代，人们的双眼和大脑非常繁忙，如果一个设计作品看起来、理解起来很容易，自然会大大减轻大脑的负担，让人产生良好的情绪感受，这种感受就是舒适感，舒适感是美感的一个维度。例如，整洁的卧室比杂乱的卧室更能带给人们美感，穿着干净得体的人比蓬头垢面的人更容易让人产生美感。在设计中，层次清晰、重点突出的图文排版比主次不明、条理不清的图文排版更容易让人产生美感，如图1-147所示。

图1-147

第2点：视觉造型符合审美规律。审美规律是人类在日常生活中形成的群体意识，这种群体审美意识有很多种。例如，左右脸对称度高的人看起来更漂亮，充满美感的经典建筑往往会采用对称结构。可以称这种审美规律为"对称律"，在设计中遵循"对称律"能够让作品更符合人们的审美需求，如图1-148所示。

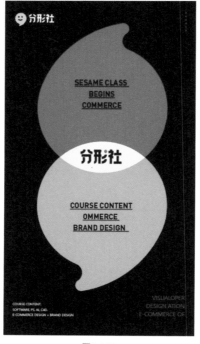

图1-148

　　"对称律"这种群体审美规律形成的原因是什么呢？如果大家留心观察，就会发现生活中很多生物都具有对称结构，大多数生命体在运动过程中需要平衡重心。例如，人体的结构是相对对称的，人们在修建建筑时也经常采用相对对称的结构来平衡重心。"对称律"在人类发展进程中逐渐得到认可，渐渐地，人们看到对称的物体就会产生"安全"的情绪感受，这是"对称律"形成的一个原因。视觉艺术家很早就发现了这一美学规律，并将其应用到他们的作品中。例如《雅典学派》中就使用了对称手法来组织画面，如图1-149所示。

图1-149

　　与"对称律"类似的还有"黄金比例"，1：0.618被称为黄金比例，它广泛应用于造型设计中。使用黄金比例来设计Logo往往能够获得比较协调的效果。例如，小米公司的Logo就采用了黄金比例进行设计，该Logo既简单又耐看。黄金比例也应用于排版和摄影中，摄影中常用的三分法构图就应用了黄金比例。UI设计与海报设计中也常使用黄金比例进行构图与排版，如图1-150所示。

图1-150

我们来看下面的3个定位图标，第3个图标的构图比例是黄金比例，第2个接近黄金比例，第1个则与黄金比例相差较大，可以看出构图比例越接近黄金比例的图标就显得越协调，如图1-151所示。

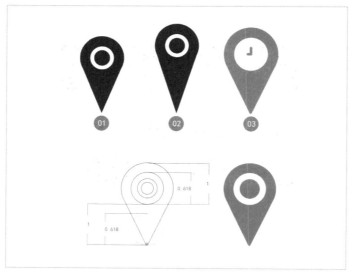

图1-151

"黄金比例"这种群体审美意识是人们在适应自然规律的过程中形成的。自然界中物体结构间的比例常常呈现为黄金比例，大到银河系的结构，小到玫瑰花瓣的排列；人体结构也遵循黄金比例——手腕到肘关节节点的长度：指尖到手腕的长度＝1：0.618，如图1-152所示。

图1-152

除这类视觉心理规律外，还有色彩上的规律。人能识别的颜色数量是由眼睛中视锥细胞的种类决定的，少部分人只有一种视锥细胞，只能识别100种颜色；还有一部分人拥有两种视锥细胞，能识别1万种颜色；大部分人有3种视锥细胞，能识别100万种颜色；还有少数人拥有4种视锥细胞，能识别1亿种颜色。女性平均能比男性识别更多种颜色，人老后识别颜色的能力会减弱。这些规律都可以体现在设计中。例如，为老年用户设计的界面适宜使用更容易识别的颜色，为女性用户设计的界面可以比为男性用户设计的界面用更多的颜色，为色弱群体设计的界面则需要采用更少的颜色。

存在景深效果的图像明显比没有景深效果的图像看起来更加舒适，如图1-153所示。这是受到了"中央视觉"与"周边视觉"的影响。因为眼睛的中央区域可以接收非常详细的图案信息，这个区域对应的便是"中央视觉"，其他区域对应的则是比较模糊的"周边视觉"，如图1-154所示。观察物体时，视觉凹覆盖的区域会特别清晰，而其周边只有模糊的图像，所以为图片塑造景深能使人的视线聚集在清晰区域，从而带给人美感。

图1-153

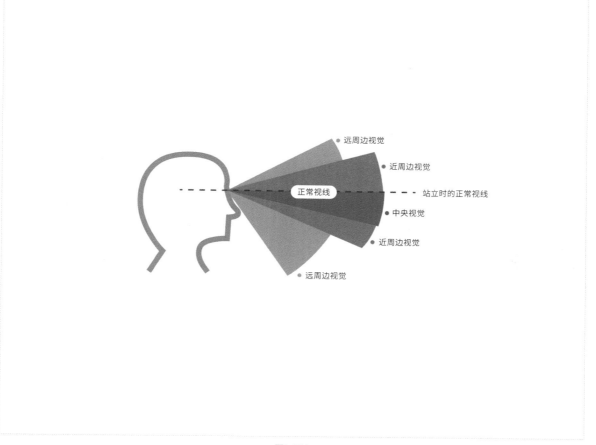

图1-154

该原理同样影响着视线的移动，"周边视觉"覆盖的区域广，能观测到更多信息；"中央视觉"覆盖的区域较小，但对应的画面很清晰。在日常生活中，首先"周边视觉"观察到变化，然后大脑快速判断是否使用"中央视觉"来查看细节。所以在视线移动中，"周边视觉"引导着"中央视觉"。例如，人们欣赏一个设计作品是从整体的周边视觉开始的，感知到重点后"中央视觉"会移动到重点上并观察其细节，接着移动到次重点，如图1-155所示。明白这一原理对排版设计非常重要，懂得人的注意力是如何转移的有利于有效控制画面。

图1-155

人们对视觉作品的感知是快速完成的，这个感知过程可能只耗时0.5秒或更短，短时间内"周边视觉"会迅速捕捉重要信息并传输给大脑，大脑做出判断后会屏蔽不重要的内容，再根据排序和视觉习惯使用"中央视觉"细看重要内容。

造型、排版和配色无一不受到视觉心理的制约，明白设计视觉心理与相关原理，便于设计者更好地完成排版、配色等工作。

第 2 章

经营空间：积木排版法

能给人以美感的版式往往同时具有秩序感与反差感，如何把握设计中的秩序感和反差感是本章的核心内容。本章旨在通过阐述单元形与网格、分割与构成等知识，帮助学习者掌握基本的排版方法；通过演示排版四步骤并结合实例解决排版问题等，加强学习者对相关知识的理解；通过介绍排版中对比与调和的辩证关系，引起学习者的深入思考。

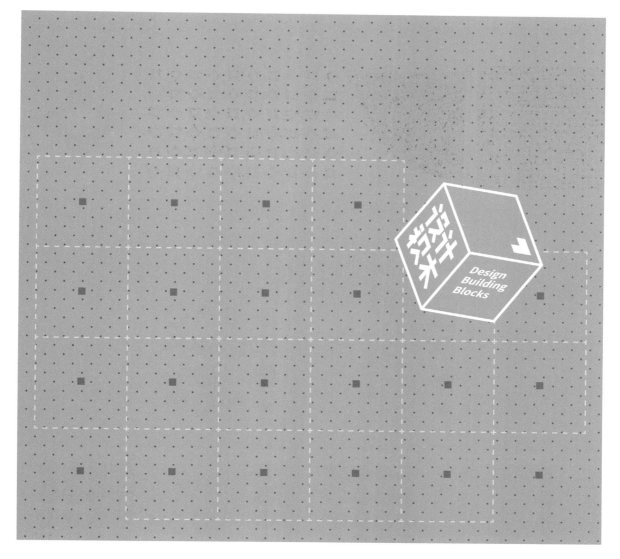

DESIGN
BUILDING BLOCKS

2.1 单元形的组合

本节重点阐述用单元形与网格构成画面的方法，并归纳出8种典型组合，即分离、接触、层叠、合并、剪切、透叠、差叠和重合。

2.1.1 单元形与网格

第1章介绍了构成平面的元素有点、线、面和体，设计应用中除了直接使用点、线、面来构成画面，更多的是用点、线、面构成单元形，再将单元形按照一定的规律组合，从而构成画面，图2-1所示的图案都是由单元形构成的。

  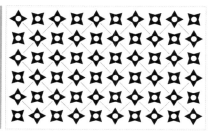 

图2-1

如果把一幅画面比作一个人，那么网格就是画面的骨架，单元形则是肌肉，如图2-2所示。重复的网格能够让画面充满秩序感，放置在重复网格中的单元形需要寻求变化来产生反差感，让画面具有视觉张力，否则画面就会显得呆板，如图2-3所示。

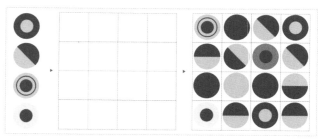

图2-2

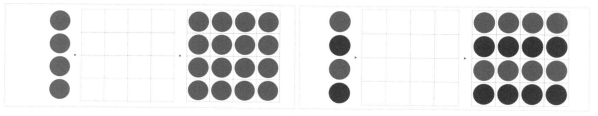

图2-3

除了可以在重复的网格中放置变化的单元形，还可以将重复的单元形放在变化的网格中，让画面既有秩序感又有差异感，如图2-4所示。把具象的元素代入，代入不同的元素会得到不同的表现效果，如图2-5所示。

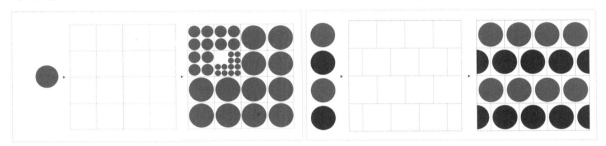

图2-4

图2-5

常见的网格有圆形网格和方形网格，如图2-6所示。网格可以在比例、曲直和层次等多个维度上变化，样式丰富，如图2-7所示。

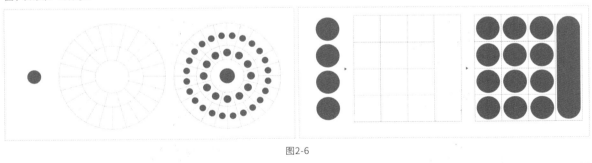

图2-6

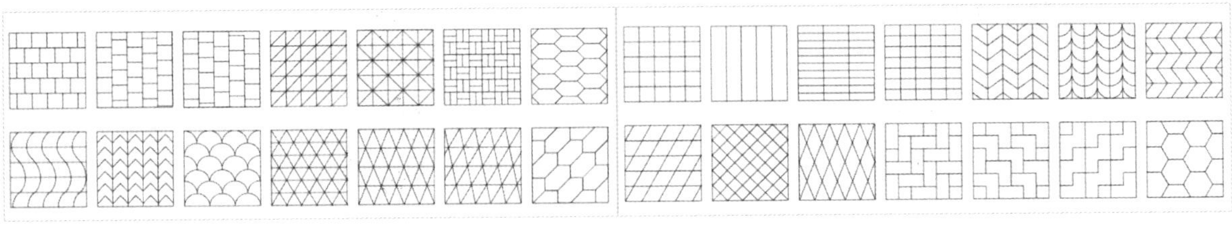

图2-7

单元形可以是一个单独的形，也可以是一个组合形。通常把单独的形称为单元形，把组合形称为次级单元形。次级单元形可以有很多层，如图2-8所示。单元形与次级单元形可以组合在一起构成画面，如图2-9所示。

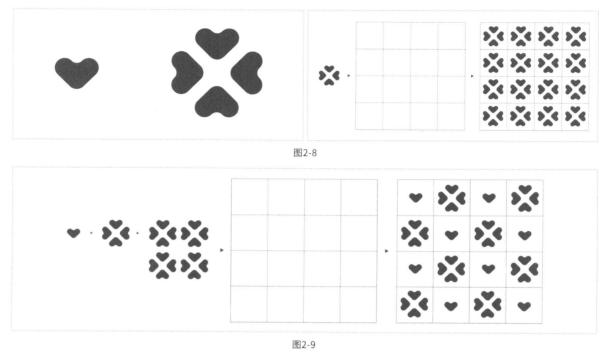

图2-8

图2-9

2.1.2　单元形的组合形式

单元形有多种组合形式，较为常见的组合形式有分离、接触、层叠、合并、剪切、透叠、差叠和重合8种，如图2-10所示。

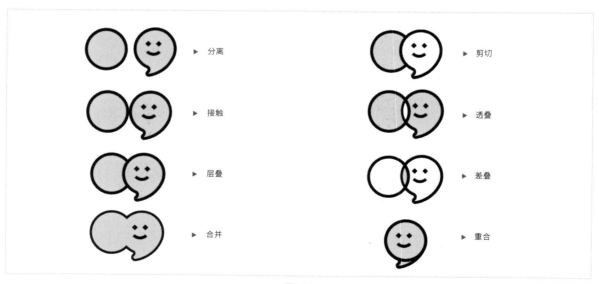

图2-10

分离形式与接触形式组合出的示例效果如图2-11所示。

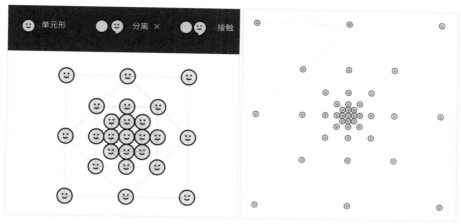

图2-11

接触形式与剪切形式组合出的示例效果如图2-12所示。

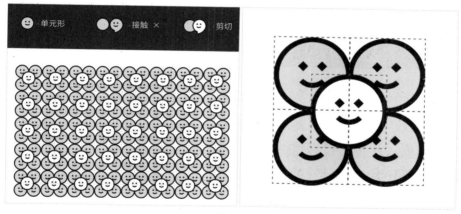

图2-12

分离形式与层叠形式组合出的示例效果如图2-13所示。

图2-13

除了可以改变单元形，还可以通过改变网格来形成不一样的组合效果，如图2-14所示。

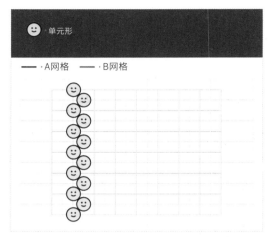

图2-14

分离形式与透叠形式组合出的示例效果如图2-15所示。

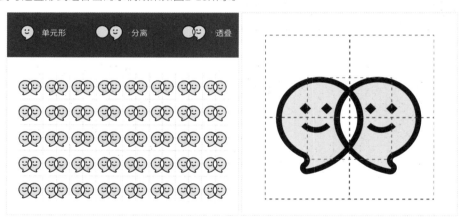

图2-15

探索不同的单元形和次级单元形的组合形式与网格的变化，可以制作出丰富多样的视觉效果，如图2-16所示。

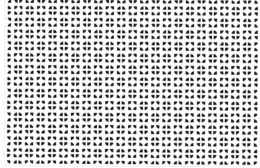

图2-16

2.1.3 8种单元形组合形式在排版设计中的应用

下面讲解一下8种单元形组合形式在设计中的具体应用。抖音的Logo就是采用透叠组合形式设计而成的，如图2-17所示。利用透叠组合形式设计而成的海报如图2-18所示。

图2-17

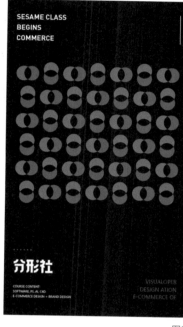

图2-18

实例：单元形组合构成的海报

利用网格进行设计，可以快速制作出由单元形组合构成的海报。

01 使用Illustrator打开"素材文件＞CH02＞实例：单元形组合构成的海报"文件夹中的"单元形8类组合01.ai"文件，如图2-19所示。选中文件中的浅灰色矩形后执行"对象＞路径＞分割为网格"菜单命令，在弹出的"分割为网格"对话框中将矩形分割为8行4列的网格，其他参数设置如图2-20所示。

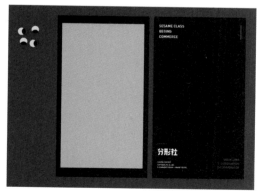

图2-19

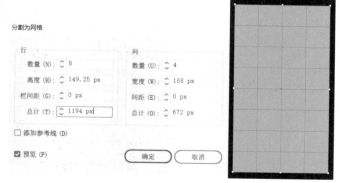

图2-20

02 设置完成后执行"对象＞扩展"菜单命令，扩展完成后设置"填充"为"无"，"粗细"为"0.5pt"，"颜色"为青色（R:0，G:255，B:255），勾选"虚线"选项并设置"虚线"为"2pt"，如图2-21所示。

图2-21

03 选择黄蓝相间的单元形并调整其位置，使其刚好占用4个网格，选中单元形后按住Alt键将其拖曳到后方的4个格子中，按快捷键Ctrl＋D进行横向和纵向的复制，直到单元形填满网格，删除上部和下部的一些单元形，效果如图2-22所示。

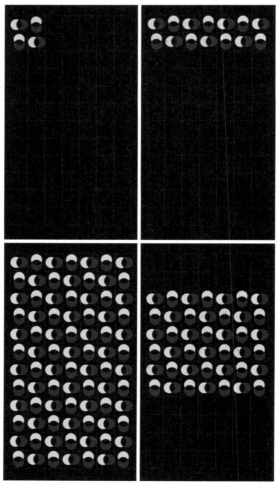

图2-22

04 将"素材文件＞CH02＞实例：单元形组合构成的海报"文件夹中"单元形8类组合01.ai"文件自带的文字组合复制粘贴到画面中，调整文字效果后对单元形的配色进行修改，这样就设计出了一张由单元形组合构成的海报，效果如图2-23所示。

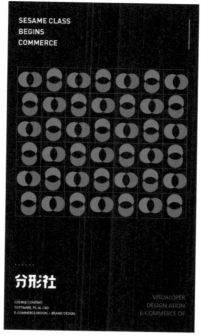

图2-23

实例：群组构成的图形与图案

单元形是构成画面的基本单元，两个或两个以上的单元形组合在一起被称为"群组"，群组除了经常应用于排版设计中，还经常应用于图形和图案的设计中。

01 使用Illustrator打开"素材文件＞CH02＞实例：群组构成的图形与图案"文件夹中的"单元形8类组合02.ai"文件，如图2-24所示，选择黄色逗号后单击鼠标右键，在弹出的快捷菜单中执行"变换＞镜像"命令。

图2-24

02 在弹出的"镜像"对话框中选中"水平"轴，勾选"预览"选项，单击"复制"按钮，生成对称形状。向上拖曳镜像后的形状，让两个逗号发生交叠，如图2-25所示。

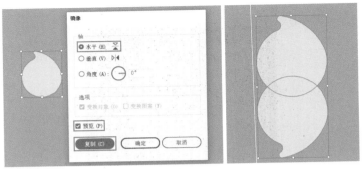

图2-25

03 按快捷键Ctrl+C复制两个逗号，再按快捷键Ctrl+F原位粘贴，执行"窗口＞路径查找器"菜单命令，打开"路径查找器"面板，单击"交集"按钮■，获得中间交叠区域的形状，设置"颜色"为黑色（R:0，G:0，B:0），如图2-26所示。

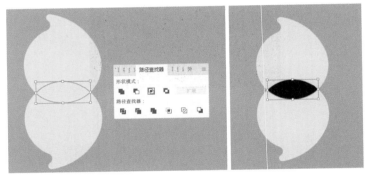

图2-26

04 将获得的形状放置到海报文件的顶层，效果如图2-27所示。选择上方的逗号后单击鼠标右键，在弹出的快捷菜单中执行"变换＞镜像"命令，在弹出的"镜像"对话框中将"轴"设置为"垂直"，单击"确定"按钮完成设置，如图2-28所示。

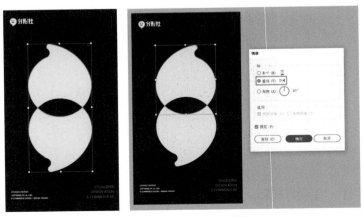

图2-27　　　　　　　　　　　　　图2-28

05 选择已经导入的其他元素和文字组合，并将它们放置到合适位置，现在就得到了一张使用单元形透叠形式构成的海报，效果如图2-29所示。

图2-29

06 在此基础上还可以对海报进行调整，选择下方的逗号并设置"颜色"为青色（R:0，G:255，B:255），选择上方的逗号并设置"颜色"为红色（R:237，G:28，B:36），效果如图2-30所示。

图2-30

07 删除中间交叠区域的形状，选择上方的红色逗号并设置"不透明度"面板中的"混合模式"为"滤色"，这样两个逗号的交叠区域会变得比较亮，设置"分形社"Logo颜色为深色，效果如图2-31所示。

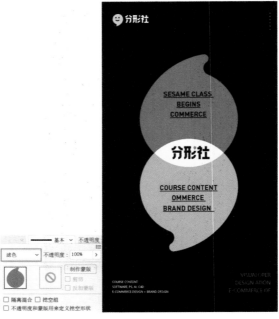

图2-31

技术专题：图形与图案的平面构成

平面构成是平面设计中的一种方法，该方法是指按照美学原理与力学原理对视觉元素进行编排和组合，从而寻求视觉上的各种可能性。图2-32所示的设计中采用的单元形是圆形，可以发现4个圆形有很多种构成方式。

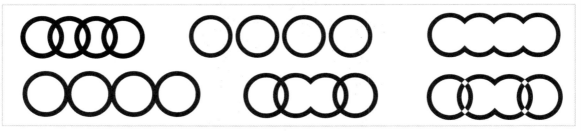

图2-32

在海报设计领域，20世纪50年代风靡全球的国际主义平面设计风格（瑞士国际主义风格）就常用几何形状结合8种构成方式来表现，如图2-33所示。图2-34所示的这一张具有国际主义平面设计风格的海报就采用了透叠、层叠和剪切等构成方式。

图2-33   图2-34

实例：图形造型与海报构成

除了使用单元形的8种组合形式，还可以设计出更多组合形式。

01 使用Illustrator打开"素材文件＞CH02＞实例：图形造型与海报构成"文件夹中的"分形传播-大美分形-01.ai"
文件，如图2-35所示。可以使用8种组合形式将圆形与逗号组合成不同的造型，如图2-36所示。

图2-35   图2-36

02 在"路径查找器"面板中选中文件中的逗号和圆形并旋转，按住Alt键拖曳圆形，对其进行复制，将复制得到的圆
形放到画面左上角，并将其放到下方圆形的上层，效果如图2-37所示。

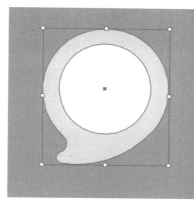
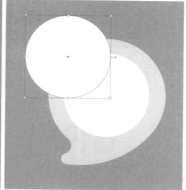

图2-37

03 执行"窗口＞路径查找器"菜单命令，打开"路径查找器"面板，单击"减去顶层"按钮🔲，如图2-38所示。

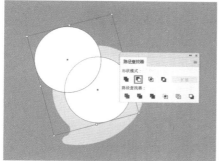
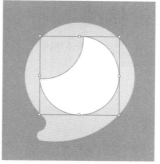

图2-38

04 按住Alt键拖曳复制出3个圆形，分别调整它们的大小和位置，设置3个小圆形的"填充"为"无"，"描边"颜色为浅灰色（R:220，G:221，B:221），完成造型，效果如图2-39所示。

05 完成造型后可以把所有图形打包为组，放置到海报中间，效果如图2-40所示。

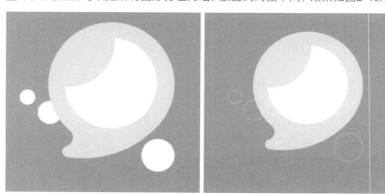

图2-39　　　　　　　　　　　　　　　　　　　　　　　　　图2-40

提示

使用类似的方法，综合运用其他6种组合形式还可以构成其他样式的海报。使用重叠组合形式构成的海报如图2-41所示。

将透叠区域填充为灰色，效果如图2-42所示。

使用合并组合形式构成的海报如图2-43所示。

图2-41　　　　　　　　　　　　图2-42　　　　　　　　　　　　图2-43

若图形的位置、大小和比例等发生变化，制作出的海报也会发生变化，如图2-44所示。

图2-44

2.2 | 分割 与构成

分割的本质是在有限的空间中划分出新的形态或形成新的整体，如图2-45所示。本节将通过实例阐述5种分割方式的应用及重复、对称等8种常见的构成方式。

图2-45

2.2.1 分割的作用

在具体的设计应用中，分割的作用有以下3点。

第1点： 能有效地对信息进行分组，从而使信息符合人们的阅读需求。例如，没有经过分割的文字阅读起来比较困难，分割后的文字阅读起来会轻松一些，如图2-46所示。

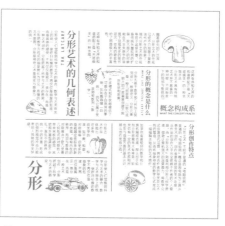

图2-46

第2点： 可以创造新的形式，是形式美的一种创造手段。例如，对文字进行分割后的画面更能吸引人们的注意力，如图2-47所示。

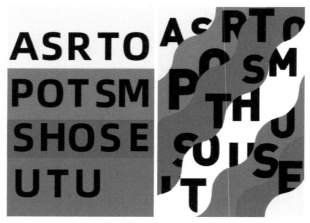

图2-47

第3点： 能够强有力地统一画面中复杂的颜色、字体和元素等，使用分割区块的方法可以有效统一画面的视觉效果，如图2-48所示。

图2-48

2.2.2　5种分割方式及其应用

　　常见的分割方式有5种，分别是距离分割、线分割、面分割、点分割和网格分割。其中网格分割又可以分为等形网格分割、等量网格分割、数比网格分割和自由网格分割。将这些分割方式运用到设计中可以起到信息分组、统一画面和创造形式美感的作用。

　　第1种： 距离分割。距离分割是比较常见的分割方式，在文字排版中尤为重要。例如，段落文字一般分为标题文字与内容文字，它们的间距应该大于标题文字、内容文字的行间距。通过距离划分信息组是保证信息易读的基础方法，如图2-49所示。

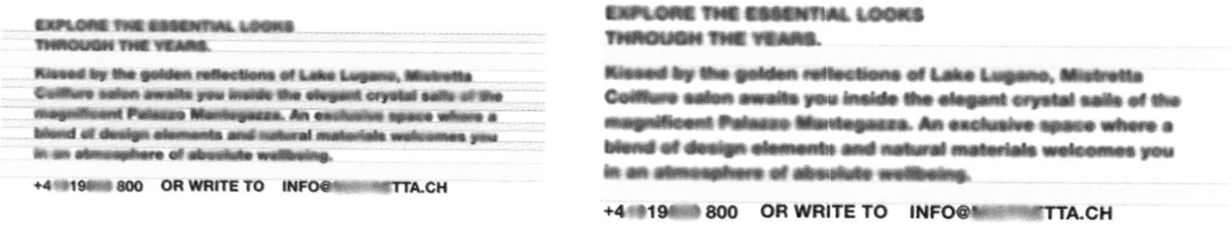

EXPLORE THE ESSENTIAL LOOKS
THROUGH THE YEARS.

Kissed by the golden reflections of Lake Lugano, Mistretta
Coiffure salon awaits you inside the elegant crystal sails of the
magnificent Palazzo Mantegazza. An exclusive space where a
blend of design elements and natural materials welcomes you
in an atmosphere of absolute wellbeing.

+4 19 800　OR WRITE TO　INFO@ TTA.CH

EXPLORE THE ESSENTIAL LOOKS
THROUGH THE YEARS.

Kissed by the golden reflections of Lake Lugano, Mistretta
Coiffure salon awaits you inside the elegant crystal sails of the
magnificent Palazzo Mantegazza. An exclusive space where a
blend of design elements and natural materials welcomes you
in an atmosphere of absolute wellbeing.

+4 19 800　OR WRITE TO　INFO@ TTA.CH

图2-49

第2种：线分割。线分割不同于距离分割，由于线本身是有形的分割元素，因此会占据一定的版面空间，并且有着强烈的分割效果。当画面中某些区域较空时，线不仅能够对信息进行分组，还能让画面显得更饱满，如图2-50所示。

图2-50

提示

线分割还可以起到装饰画面和引导视线的作用，广泛应用于界面设计、包装设计等设计领域，如图2-51所示。

图2-51

第3种：面分割。距离分割用空间来分割画面，线分割利用相对细长的线来分割画面，面分割则利用相对宽阔的面来分割画面，其分割力度更强。面在具体应用中可以是照片、图形、背景色块或背景纹理等，如图2-52所示。

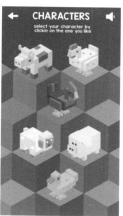

图2-52

第4种：点分割。点作为视觉面积相对较小的分割对象，同样能够对画面进行分割，常用于小空间的分割，如图2-53所示。

2022 · 分形艺术

图2-53

第5种：网格分割。以网格为参考对版面进行分割就是网格分割，如图2-54所示。网格分割在平面设计中应用非常广泛。

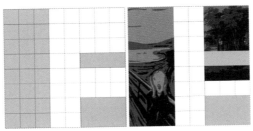

图2-54

技术专题：网格分割的分类

网格分割可以被分为以下4种不同的类型。

第1种：等形网格分割。等形网格分割就是分割后得到的网格的形状与面积几乎相等，可以对其进行合并、删除等处理，从而形成丰富的版面样式，如图2-55所示。

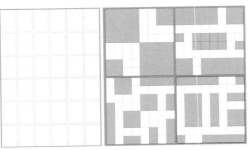

图2-55

第2种：等量网格分割。其特点是被分割的区域中网格数量一致，这样既能把画面分割为不同样式，又能保持画面的均衡感，如图2-56所示。

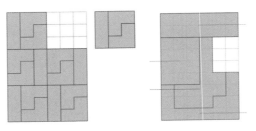

图2-56

第3种：数比网格分割。数比网格分割是指分割区域所占格子数与总网格数存在比例关系。最典型的数比分割就是黄金分割，数比分割在为画面带来丰富变化的同时会让画面具有理性的秩序美，如图2-57所示。

图2-57

第4种：自由网格分割。自由网格分割的特点是富有自由、随机的形式感，自由网格分割属于感性层面的分割，如图2-58所示。

图2-58

2.2.3　设计中的重复

　　重复是一种被频繁使用的构成手法，能够让画面具有统一性。人们大多不喜欢突兀的东西，会不断寻找具备共同特点的对象；同时人们不喜欢呆板，热衷于不断寻求变化，所以既寻求变化又追求相同是人类恒久不变的天性。这一天性是自然进化的结果，也是师法自然的体现，自然界中无处不充斥着变化与重复的统一，如图2-59所示。

图2-59

　　重复是画面形成秩序感与统一感的关键所在，使用单元形与8种构成方式可以得到丰富的重复效果，如图2-60所示。但是只有在重复的基础上进行变化才有可能形成丰富的形式美感。例如，将圆形按照等形网格分割方式重复排列，在重复的基础上改变圆形的颜色等，这样能在保持秩序感的同时打破呆板，如图2-61所示。

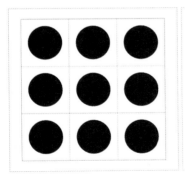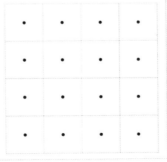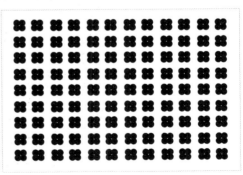

图2-60

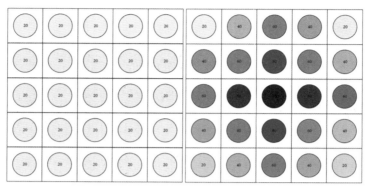

图2-61

重复的图形在设计中经常用作背景。例如,在图2-62所示的2.5D风格的界面中,画面主体是小动物,背景则是由菱形次级单元形重复构成的图形。

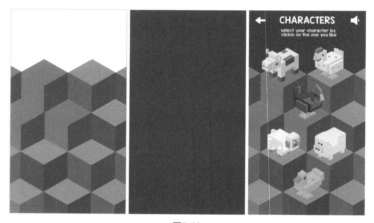

图2-62

重复的图形同样可以作为画面主体。例如,在图2-63所示的海报中,主体元素"2"上就存在重复条纹,这种重复增强了画面的丰富感与韵律感。重复还体现在文字排版中,同级别文字的大小统一,如图2-64所示的代表年份的数字。

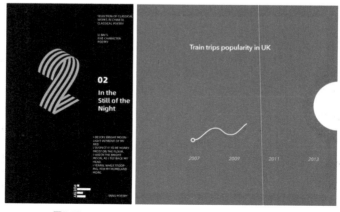

图2-63   图2-64

重复还体现在图形的造型中，很多Logo就采用了重复手法来造型，如图2-65所示Logo中的4个方块。重复的元素可以完全一样，也可以近似。图2-66所示Logo中的3个半圆形就有着细微的区别。

图2-65

图2-66

2.2.4 设计中的对称

对称是根据特定对称轴形成的重复。对称在设计中应用较为频繁，包括镜像对称、平移对称和回转对称。对称能给人带来平稳感、协调感和庄严感。对称中的典型应用是镜像对称，镜像对称的物体普遍存在于大自然和日常生活中。例如，人体结构以脊椎为轴左右对称，飞机以机身为轴左右对称，树大多以树干为轴左右对称，如图2-67所示。

图2-67

对称可以分为完全对称和近似对称，完全对称是等形、等量的对称；近似对称是指具有对称关系的两个对象并不是完全相同的，而是近似的，如图2-68所示。

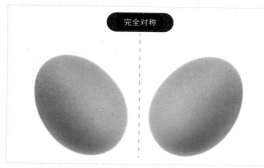

图2-68

对称手法可以应用在主体、背景和文字等各种对象上，如主标题、段落文字、背景纹理、图案、图形等，如图2-69所示。

图2-69

实例：对称构成练习

本例利用平移、镜像和旋转等手法制作对称的单元形，再利用"分离"单元形组合形式将单元形组合成不同图形。

01 在Illustrator中绘制一个圆形和一条竖线，竖线比圆的直径长一点，选择竖线后按快捷键Ctrl＋C进行复制，再按快捷键Ctrl＋F在原位粘贴一层，将复制得到的竖线旋转为水平线，效果如图2-70所示。

02 选中两条线段后按快捷键Ctrl＋G将它们打包为组。选择两条线段和圆形，在"属性"面板中单击"水平居中对齐"按钮　和"垂直居中对齐"按钮　，将两条线段的交点放置在圆心处，效果如图2-71所示。

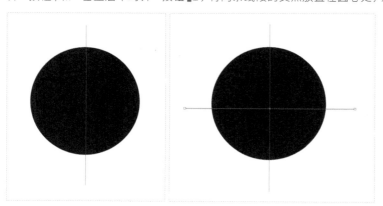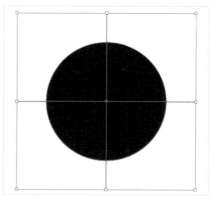

图2-70   图2-71

03 执行"窗口＞路径查找器"菜单命令，打开"路径查找器"面板，选中线段和圆形后单击"分割"按钮▣，分割圆形，如图2-72所示。

图2-72

04 选中圆形后单击鼠标右键，在弹出的快捷菜单中执行"取消编组"命令，圆形会被等分为4个部分，效果如图2-73所示。使用切割形成的1/4圆形（单元形）可以组合出各种各样的对称图形，效果如图2-74所示。

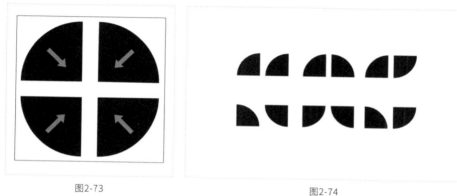

图2-73 图2-74

05 将单元形平移可得到平移对称图形，将单元形左右镜像可得到镜像对称图形，旋转单元形可得到回转对称图形，如图2-75所示。

图2-75

06 使用重复的构成手法在网格中排列这些单元形，可以得到不同的效果，如图2-76所示。将这些单元形组合可得到丰富的组合形，如图2-77所示。

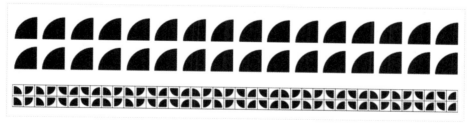

图2-76

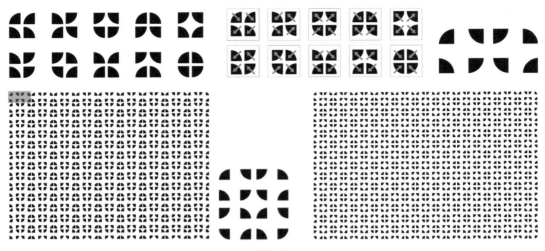

图2-77

07 可以看出单元形越复杂，进行重复构成后得到的画面效果就越丰富。在上面的示例中，单元形的组合只用了"分离"这一种组合形式，如果加入其他7种组合形式，画面的变化效果会更加丰富，如图2-78所示。

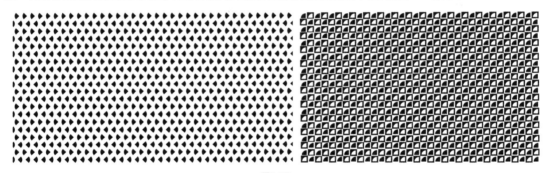

图2-78

提示

在具体的设计应用中，对称单元形可以是文字、留白或纹理等。无论哪种元素都可以运用对称的构成手法来组织画面，使画面具有对称的视觉特点，如图2-79所示。

图2-79

2.2.5 设计中的近似

　　世界上没有两片完全相同的叶子，如图2-80所示。这是大自然中的普遍现象，两个对象既具有一定的统一性，又存在个体差异。近似对称和近似重复都对对称或重复对象中的其中一个做了有别于另一个的修改。

图2-80

　　近似的表现手法有以下5种。

　　第1种： 创造关联性，让一个群组中的对象都具备相同的某一属性。例如，苹果、番茄和柿子都有着接近圆形的轮廓。同系列的表情包具有共同的色系、轮廓等特征，如图2-81所示。除此之外，还有造型上的近似和背景上的近似，如图2-82所示。

图2-81

图2-82

　　第2种： 设定一个标准形，然后让其他对象都接近标准形，从而使它们形成近似关系。例如，图2-83中的对象都接近圆形，但又有细微的差别。

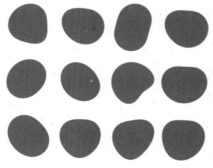

图2-83

第3种： 让所有图形都缺失一部分，从而成为近似图形。例如，图2-84所示九宫格中的5个单元形的排列方式都不一样，但这些组合的框架一样，单元形的数目一样，所以它们形成了近似关系。

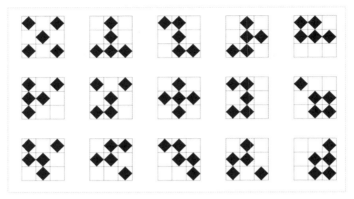

图2-84

第4种： 除了可以从二维平面的角度创建近似图形，同一对象在三维空间中的变化也可构成近似关系，如图2-85所示。

图2-85

第5种： 对单元形进行扭曲处理，可衍生出许多近似图形，如图2-86所示。

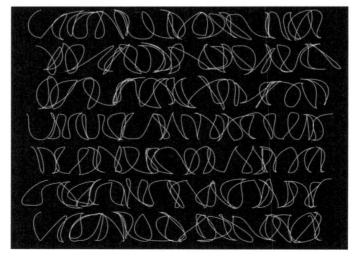

图2-86

近似是一种非常好的设计手法，既可以强化主题，又可以形成丰富的视觉效果。例如，圣诞节期间，进行网页设计时都会采用一些与圣诞节相关的元素，如图2-87所示。

图2-87

网格也可以应用近似手法。例如，两个网格虽然一个是正的，另一个是扭曲的，但是它们的结构相同，如图2-88所示。总之，在平面构成中可以从单元形和网格两个维度出发进行设计，常用手法有创造关联性、接近标准形、使完整形缺失一部分、空间运动和扭曲。

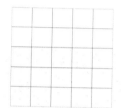   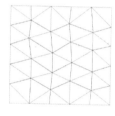 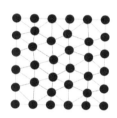

图2-88

实例： 近似构成练习

利用"混合工具" 可以制作效果不一的近似线段。

01 在Illustrator中的深色背景上绘制一条"描边"颜色为黄色（R:255，G:255，B:0），"填充"颜色为"无"，"宽"为"2pt"的线段，如图2-89所示。

02 选择线段后执行"效果＞扭曲和变换＞波纹效果"菜单命令，在弹出的"波纹效果"对话框中设置"大小"为"10px"，"每段的隆起数"为"20"，并勾选"预览"选项，如图2-90所示。按住Alt键拖曳鼠标，复制一条新的波浪线，将其拖曳至画面下方，如图2-91所示。

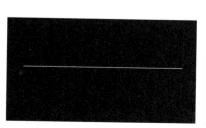  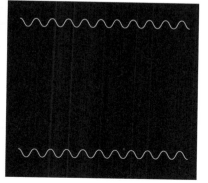

图2-89 图2-90 图2-91

03 选择上方的波浪线，执行"效果＞扭曲和变换＞扭拧"菜单命令，在弹出的"扭拧"对话框中设置"水平"为"6%"，"垂直"为"10%"，如图2-92所示。选择下方的波浪线，执行"效果＞扭曲和变换＞扭拧"菜单命令，在弹出的"扭拧"对话框中设置"水平"为"10%"，"垂直"为"10%"，如图2-93所示。

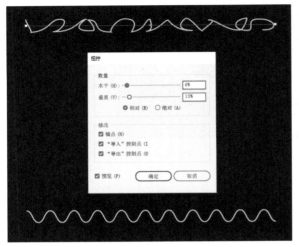

图2-92

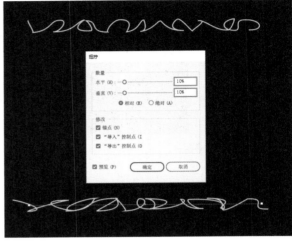

图2-93

04 选择"混合工具" ，单击上方线条后再单击下方线条，就会产生两个线条之间的其他线条。如果想调整线条间距，可以双击"混合工具" ，在弹出的"混合选项"对话框中设置"间距"为"指定的步数""5"，这样就完成了近似效果的制作，如图2-94所示。

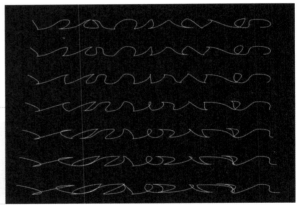

图2-94

2.2.6　设计中的特异

　　自然界的各个群体中都普遍存在着特异现象，万花丛中一点绿是特异，羊群中的狼是特异，特异的显著作用是能迅速吸引观者的注意力，如图2-95所示。特异对象是相对于群组中其他对象而言的，并且是少数相对多数的关系。特异对象所在群组中的其他对象具有高度统一性，而特异对象的统一性低、差异性高，在这种条件下就构成了特异效果，如图2-96所示。

图2-95　　　　　　　　　　图2-96

特异对象的差异效果可以通过以下7个方法实现，这7个方法不仅可以单独使用，还可以叠加使用。

第1个： 色彩上的特异（少数色彩为特异），效果如图2-97所示。

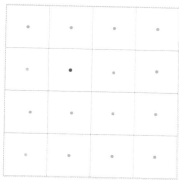

图2-97

第2个： 比例上的特异，效果如图2-98所示。

第3个： 位置上的特异，效果如图2-99所示。

第4个： 疏密上的特异，效果如图2-100所示。

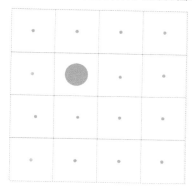

图2-98

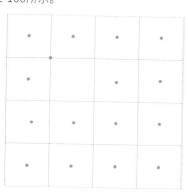

图2-99

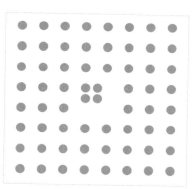

图2-100

第5个： 虚实上的特异，效果如图2-101所示。

第6个： 肌理或材质上的特异，效果如图2-102所示。

第7个： 方向上的特异，效果如图2-103所示。

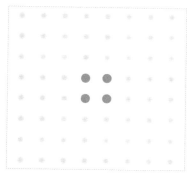

图2-101

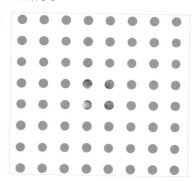

图2-102

图2-103

特异对象是群组中较少的那一部分对象，虽然差异最大的特异对象只允许有一个，但是可以安排次级特异对象进行过渡。例如，在图2-104中，中间的4个红色对象都是特异对象，但是只有一个是差异最大的特异对象，这个对象就是左上角的红色对象，这个特异对象是唯一的、兼具颜色、形状、面积和虚实变化的对象。

图2-104

单元形特异在设计作品中随处可见，如图2-105所示的商业海报。网格也可以使用上述7个方法来实现特异效果，如图2-106所示。

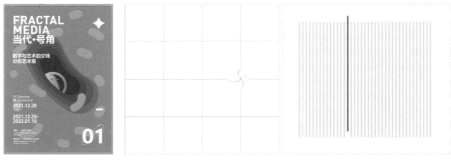

图2-105　　　　　　　　　　　　　　　　　　　　图2-106

2.2.7　设计中的平衡

前面几种构成方式的统一感大于差异感，它们的变化以秩序感为基础，平衡则是差异感较大的一种构成方式，它在变化的基础上寻求统一，这种统一是视觉上的多维度平衡，如图2-107所示。影响视觉重量的因素一共有3个，即颜色、视觉面积、位置。

图2-107

提示

视觉上同样存在着"视觉重力"的平衡关系。感兴趣的读者可以认真阅读一下瓦西里·康定斯基的《点线面》，"视觉重力"的平衡关系理论就出自此书，读完后将会对本书中的理论知识有更深入的理解。

例如，在图2-108中，左图的视觉是完全平衡的，而右图则明显左重右轻。要实现平衡并不一定要使用相同的单元形，也可以使用完全不同的单元形，唯一的规则是维持视觉重力的平衡。

又例如，在图2-109中，可以感知到左右视觉基本上是平衡的，但是明明左边的单元形更多。这是因为心形单元形的面积大于哨子形，所以虽然右侧少了一列单元形，但是仍然可以实现左右视觉平衡；深蓝色单元形的面积虽然小于哨子形，但是其颜色比哨子形深，因而也能实现左右视觉平衡。由此可见，视觉平衡是多维度的统一。

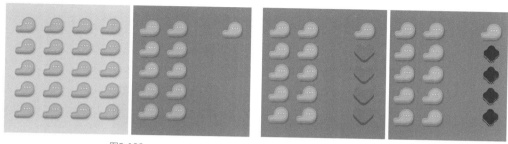

图2-108   图2-109

颜色

第1个影响视觉重量的因素是颜色。颜色的明度、色相和纯度都会影响视觉重量，明度的影响力度大于色相和纯度。例如，深色比浅色看上去更重，纯度高的颜色比纯度低的颜色看上去更重，冷色比暖色看上去更重，如图2-110所示。

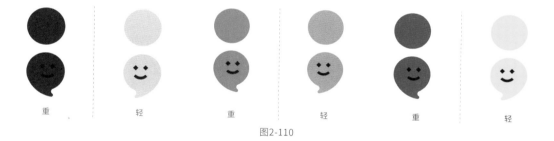

重   轻   重   轻   重   轻

图2-110

颜色平衡在设计应用中是首先要考虑的维度。例如，在图2-111中，左侧深色的大腿与右下角深色的手臂在视觉上就维持了画面的平衡。又例如，图2-112所示的两个人物模型的颜色都为浅色，其目的也是维持画面的视觉重力平衡。

图2-111

图2-112

视觉面积

第2个影响视觉重量的因素是画面中的视觉面积，通常存在3种平衡：第1种是基于垂直轴线的左右平衡，第2种是基于水平轴线的上下平衡，第3种是基于对角线的对角线平衡。

下面利用10个单元形来实现视觉平衡并将其应用到设计中，以帮助读者理解对称并在设计中灵活运用。可以看到图2-113所示的25个网格中存在10个单元形。

绘制一条线段并将其设置为虚线，复制出3条虚线并旋转，将它们分别作为水平轴线、垂直轴线和对角线，效果如图2-114所示。

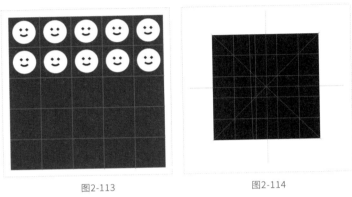

图2-113   图2-114

基于垂直轴线移动单元形，使其左右对称，示例效果如图2-115所示。

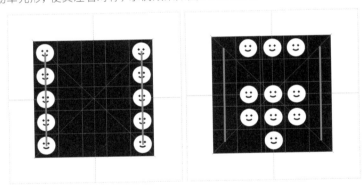

图2-115

基于水平轴线移动单元形，使其上下对称，示例效果如图2-116所示。

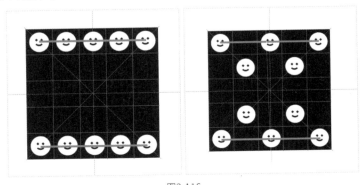

图2-116

基于对角线移动单元形，使其相对于对角线对称，示例效果如图2-117所示。

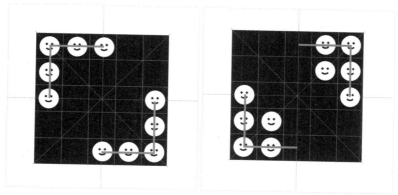

图2-117

综合运用多种对称形式，示例效果如图2-118所示。

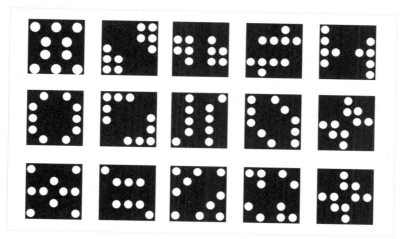

图2-118

除了有对称的平衡，还有不对称的平衡，示例效果如图2-119所示。

除了可以使用点元素来平衡画面，还可以使用线来平衡画面，示例效果如图2-120所示。

图2-119

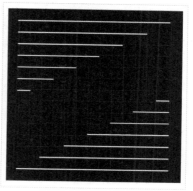

图2-120

线条之间可以相互穿插或相互避让，使画面整体保持平衡，示例效果如图2-121所示。

图2-121

平衡的样式根据线条组合方式的变化而变化。将直线与斜线组合，可使画面整体保持平衡，示例效果如图2-122所示。

将曲线与直线组合，也可使画面整体保持平衡，示例效果如图2-123所示。

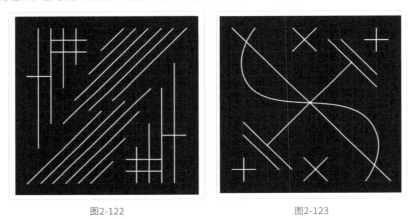

图2-122   图2-123

长短线、曲直线等多重对比线条组合的示例效果如图2-124所示。

线的非对称形式的视觉平衡效果如图2-125所示。

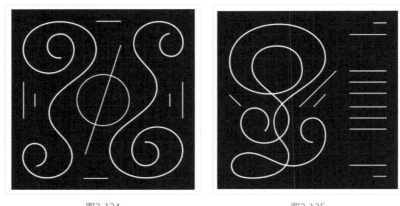

图2-124   图2-125

画面中的平衡关系越复杂，其视觉效果越丰富，如图2-126所示。

图2-126

将平衡原理应用到设计中可以得到较好的视觉表现效果。例如，图2-127所示的海报中，左上角的Logo和文字与右下角的产品形成了对角线平衡。例如，图2-128所示的画面中，两侧的果子和叶子在视觉上基本保持了平衡。又例如，图2-129所示的广告中，两侧的元素在视觉上基本保持了平衡。

图2-127

图2-128

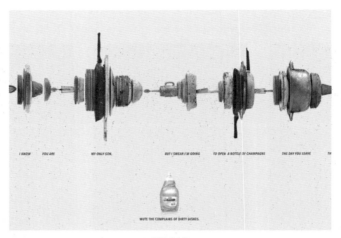

图2-129

• 位置

第3个影响视觉重量平衡的因素是位置。在力学中，放置在杠杆两侧的两个物体的重量如果不相等，杠杆就会失去平衡，调整杠杆两侧物体的位置可以实现平衡，如图2-130所示。

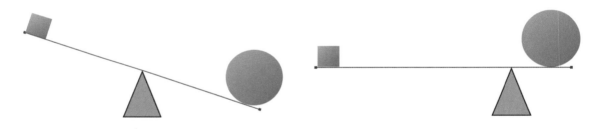

图2-130

这种力学上通过调整位置实现平衡的方式在视觉平衡中经常使用。例如，图2-131所示海报中的信息块间就有着非常丰富的平衡关系，包括左右、上下及对角线平衡，从而使得画面的视觉中心就是画面中心。

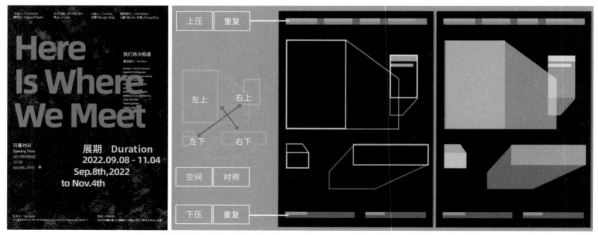

图2-131

虽然完全对称的图形是平衡的，但是这种对称会让画面显得呆板，因此在设计或摄影时一般不会使用完全对称平衡，更常使用的是非对称平衡，九宫格构图法就是一种常用的非对称平衡手法。九宫格构图法是指先在画面的垂直和水平方向上分别做两次分割，将画面等分为9个部分，再将视线焦点放置于分割线相交的位置，这样往往能让画面看起来既不呆板又平衡，如图2-132所示。

图2-132

在摄影作品、电视镜头、电影镜头和平面设计作品中经常可以看到九宫格构图法的应用，如图2-133所示，其中一共存在以下6种平衡关系。

图2-133

第1种：文字排版上的平衡。例如，添加与主体物相关的元素来平衡画面的视觉效果，如图2-134所示。

图2-134

第2种： 图形轮廓的平衡。例如，当海报重心偏左时，可以在右侧添加更多元素，以实现平衡，如图2-135所示。

图2-135

第3种： 背景上的重复平衡，如图2-136所示。

图2-136

第4种： 图文的平衡。例如，图2-137所示的海报中，右侧元素的面积虽然大于左侧的元素，但是左侧的深色文字能够平衡整体的视觉重力。图文排版中除了左右平衡，还有上下平衡、对角线平衡等。

图2-137

第5种： 图片的视觉平衡，如图2-138所示。

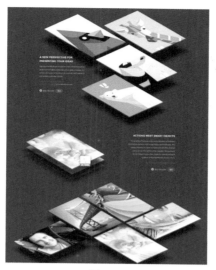

图2-138

第6种： 图形面积的视觉平衡。例如，在做图标设计时，圆形轮廓的图标一般比方形轮廓的图标面积要大一点，这样才能实现视觉平衡；如果图标面积相等，视觉效果反而不平衡，如图2-139所示。

图2-139

除了在排版中应用平衡法则外，在色彩的使用上同样要考虑平衡（本节仅做简单描述，关于色彩平衡的更多介绍见第3章）。例如，图2-140所示的海报中左右两色是不平衡的，显然是左轻右重，这时可加深左侧黄色的重量感，以此来实现左右色彩的视觉平衡。

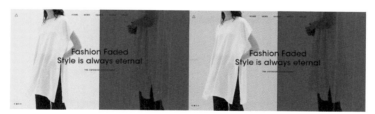

图2-140

提示

色彩三属性都可以使用平衡手法，综合色彩三属性调整颜色的平衡通常被称为色调平衡。色调平衡的应用如图2-141所示。

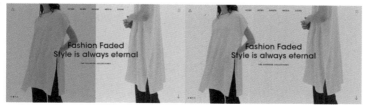

图2-141

2.2.8 设计中的渐变

渐变是自然界中普遍存在的现象,水波和彩虹等都呈现出从一种状态向另一种状态渐变的效果,如图2-142所示。

图2-142

渐变包括色彩的渐变。部分读者也许已经注意到前面所述的特异、平衡在色彩方面也有所体现,这是因为色彩是能较快影响视线的因素,如图2-143所示。

图2-143

提示

从色彩三属性的角度讲,渐变可分为色相渐变、纯度渐变、明度渐变。设计师经常用渐变来丰富画面的视觉层次,如图2-144所示。

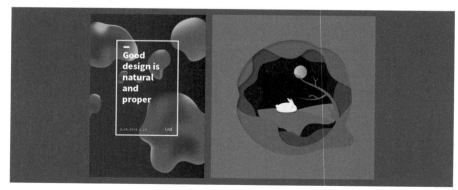

图2-144

渐变还包括单元形的渐变。这种渐变可以是面积、方向和疏密等多个维度的渐变，如大小和疏密的渐变，如图2-145所示。

图2-145

除了可以在单元形上应用渐变外，还可以在网格上应用渐变。网格的渐变可以分为多方向的和单方向的，网格线条的粗细也可进行渐变，如图2-146所示。

图2-146

图2-147所示的海报便是渐变手法在具体设计中综合应用的结果。从一种具体形象渐变为另一种具体形象，这被称为"变相"。从另一个角度来看，电视、电影等影视动画本质上就是应用渐变原理与人眼的视觉暂留生成的动态画面，如图2-148所示。

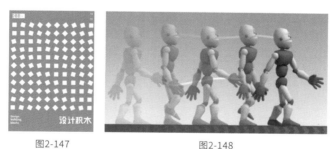

图2-147   图2-148

渐变构成中有一个关键的值，这个值是每一个渐变梯阶之间的间隔值，如颜色渐变的每个颜色梯阶间的色差值、距离渐变的每一个梯阶间的距离值、方向渐变的每个梯阶间的角度值，这些值可以是定值，也可以是等比数列值或等差数列值，还可以是斐波那契数列值等具有显著变化规律的值。只有存在某种规律，渐变才会拥有流畅的过渡感而不会显得突兀，如图2-149所示。

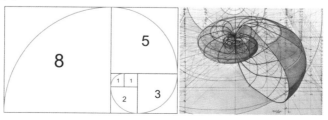

图2-149

大自然中植物的生长和动物的繁殖就是一种抽象意义上的渐变。例如，向日葵的种子和兔子的繁殖都遵循着斐波那契数列规律，如图2-150所示。大自然有规律地体现着渐变，人类在平面设计、工业造型中也对渐变进行了广泛的运用，如图2-151所示。

图2-150

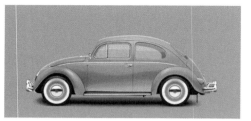

图2-151

提示

- -

　　渐变网格只是辅助设计的工具，设计时一定不要拘束于网格，网格是理性的参考工具，只有回到感性的层面上才能激发出艺术的活力。

实例：渐变构成练习

　　使用"混合工具" 不仅可以简单实现形状和大小的渐变，还可以实现颜色的渐变。

01 用Illustrator打开"素材文件＞CH02＞实例：渐变构成练习"文件夹中的"渐变构成.ai"文件，如图2-152所示。

02 选中逗号后按住Alt键拖曳，对逗号进行复制，将复制得到的逗号缩小并放置在画面下方，效果如图2-153所示。

图2-152

图2-153

03 选择"混合工具" ，单击上方逗号后单击下方逗号，效果如图2-154所示。双击"混合工具" ，在弹出的"混合选项"对话框中设置"间距"为"指定的步数""3"，如图2-155所示。

图2-154

图2-155

04 设置完成后选择所有的逗号并将它们打包为组，按住Alt键向右侧拖曳进行复制。选中复制得到的图形组合后单击鼠标右键，在弹出的快捷菜单中执行"变换＞镜像"命令，如图2-156所示。

05 在弹出的"镜像"对话框中设置"轴"为"水平"，如图2-157所示。选中左侧的逗号组合和右侧的逗号组合后执行"对象＞扩展"菜单命令，对逗号进行扩展，相关参数设置如图2-158所示。

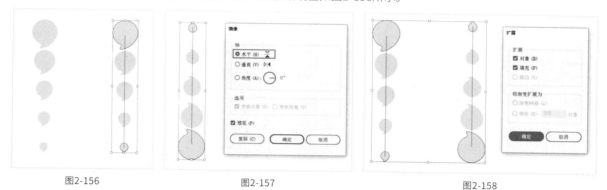

图2-156　　　　　　　　　　图2-157　　　　　　　　　　图2-158

06 选中所有图形后单击鼠标右键，在弹出的快捷菜单中执行"取消组合"命令进行解组，选择"混合工具" ，分别把左侧的每个符号和右侧对应的符号混合，如图2-159所示。

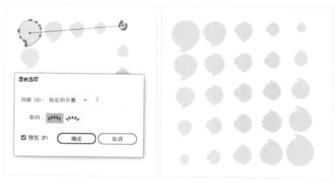

图2-159

提示

除了可以实现形状和大小的渐变，还可以实现颜色的渐变，如图2-160所示。可以执行"效果＞扭曲和变换＞变换"菜单命令，在弹出的对话框中设置"移动"区域的"水平"为"100px"，"垂直"为"100px"，"角度"为"30°"，"副本"为"11"，实现环绕一周的渐变复制，如图2-161所示。

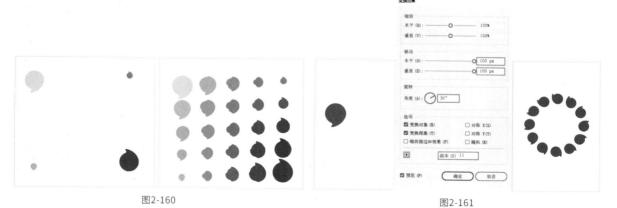

图2-160　　　　　　　　　　　　　图2-161

2.2.9 设计中的发射

发射是从一点向四周发散，具有很强的张力，自然界中的发射现象有很多，花朵从花心向四周生长是一种发射现象，烟花炸开后也是一种发射现象，如图2-162所示。发射在建筑设计、标识设计、版式设计中经常被使用，如图2-163所示。

图2-162

图2-163

发射根据方向不同可以分为中心向四周的发射、四周向中心的聚集两种类型，如图2-164所示。还可以根据颜色判断发射类型。例如，在图2-165中，左图中的背景色可看作主体色从中心向四周发射（也可看作径向渐变）形成的；右图中压暗四角是常用的图片处理手法，这种处理手法可以有效突出主体，使观者视线从四周向中心聚集。

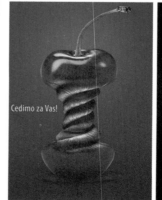

图2-164　　　　　　　　　　　　　　　　　图2-165

影响发射的关键因素有两个：一个是发射中心，发射中心的位置能直接决定发射效果，如图2-166所示；另一个是发射方向，不同方向上的常见发射有离心发射、向心发射和同心发射3种，如图2-167所示。

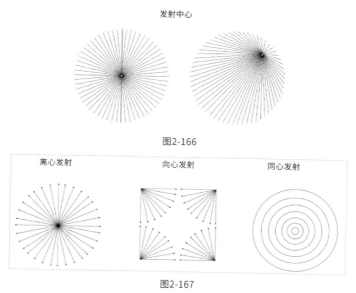

图2-166

图2-167

发射在设计中不仅可以作为背景使用，还可以作为主体使用，如图2-168所示海报下部的波纹。发射因具有极强的视觉张力，所以容易让观者产生空间错觉和视错觉。例如，图2-169所示的手表设计就给人一种空间无限延伸的感觉，图2-170所示图片会让人产生中间的两条直线是有幅度的视错觉。

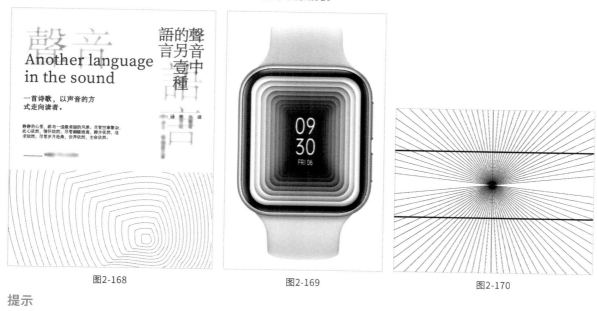

图2-168　　　　　　　　　　　　图2-169　　　　　　　　　　　　图2-170

提示

虽然发射具有的对称属性能够带来稳定感，但是其渐变属性和极强的张力又会带来不稳定感。不同的使用方式会产生不同的视觉效果，发射通常能够带来庄严、神圣、积极、紧迫、不安、冲击和空间延伸等效果。

实例：制作同心式发射网格

使用"极坐标网格工具"🎯可以快速创建一个类似靶子的同心圆，使用"实时上色工具"🖌可以在圆内填充颜色。

01 使用Illustrator新建一个800像素×800像素的文档，并将其命名为"同心发射网格"，选择"极坐标网格工具"🎯，单击画布以设置同心圆，具体参数设置如图2-171所示。

图2-171

提示

- -

如果工具栏中没有此工具，执行"窗口>工具栏>高级"菜单命令，打开高级工具栏即可找到。

02 单击"确定"按钮，创建同心圆。选中同心圆网格后选择"实时上色工具"🖌，在弹出的"拾色器"对话框中设置"前景色"为红色（R:239，G:10，B:60），如图2-172所示。

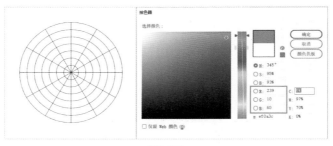

图2-172

03 选择"实时上色工具"🖌，在同心圆内填充红色，填充完成后选择整个同心圆网格并执行"对象＞扩展"菜单命令，效果如图2-173所示。选中网格后将"描边"颜色设置为"无"，完成制作，效果如图2-174所示。

图2-173

图2-174

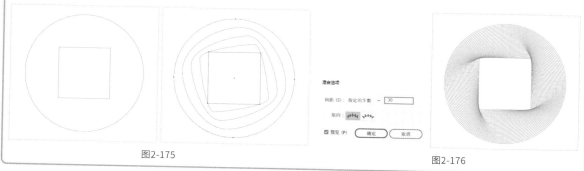

技术专题：使用"混合工具"制作发射构成效果

先在画布中绘制一个圆形和一个矩形，将矩形放置于圆形中，然后选择"混合工具" ，先单击矩形，再单击圆形，得到混合效果，如图2-175所示。双击"混合工具" ，在弹出的对话框中设置"间距"为"指定的步数""30"，单击"确定"按钮，即可得到想要的效果，如图2-176所示。

图2-175　　　　　图2-176

2.2.10 设计中的肌理

与前面阐述的各种构成方式相比，肌理构成方式的差异性较强，秩序性相对较弱。肌理能够形成氛围感，能从细微的层面塑造画面，让画面具有质感。视觉上的肌理能够唤醒人们的感知经验，这种现象被称为"通感"，如图2-177所示。

图2-177

肌理一般由很多种属性综合形成，其中颗粒感是影响肌理的重要因素，颗粒小的肌理表面能给人以光滑感，颗粒大的肌理表面能给人以粗糙感，如图2-178所示。

光滑：颗粒小　　　粗糙：颗粒大

图2-178

颗粒感带来的肌理感是一种触觉上的心理感受，还有一些肌理感是视觉带来的心理感受，如光泽感，光泽感影响的是视觉感受而非触觉感受，但是由于人们对某种材质已经形成从触觉到视觉的综合印象，所以当人们看到带有磨砂质感的金属光泽效果时就会联想到用手触摸磨砂纹理时的感受，看到瓷器的光泽变化就会联想到瓷器表面的光滑感，甚至联想到冰凉的感觉（因个人生活经验而异），如图2-179所示。

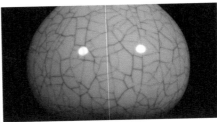

图2-179

视觉感受的肌理可细分为装饰肌理、自然肌理和机械肌理3种类型。装饰肌理一般是人工添加的，有有规律的肌理，也有无规律的肌理，如瓷器表面的花纹，如图2-180所示。自然肌理是大自然孕育的肌理效果，如树叶的肌理，如图2-181所示，部分自然肌理很难在不破坏物体形体的情况下去除。机械肌理可以添加，但是这种添加一般不受控制，如篆刻拓印的肌理等，如图2-182所示。

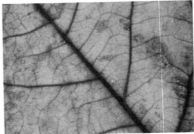

图2-180 图2-181 图2-182

触觉肌理是一类能够让人直接产生触觉通感的肌理，如磨砂肌理；还有一类肌理虽然不能让人们直接产生触觉通感，但是可以帮助人们与触感产生连接，如凹凸起伏的地形图，如图2-183所示。肌理在设计中往往能够让画面的视觉效果更加饱满，如图2-184所示。

图2-183 图2-184

除了用形状来体现肌理，颜色也是体现肌理的一个维度。例如，人们看到欲断不断的液体时能感知到其黏稠的质感，如图2-185所示的蜂蜜。

图2-185

在设计中制作肌理效果的方法有很多种，可以使用网上的肌理贴图作为素材，也可以自己动手制作素材。一般来说，通过搜索获得肌理素材比较快捷，但有时难以找到完全符合设计要求的素材；而手动制作虽然复杂，但更容易获得符合设计要求的肌理素材。接下来介绍7个手动制作肌理素材的方法。

第1个：混色法。将不同颜色的颜料调和在一起，通过调和来呈现渐变的色彩肌理效果，如图2-186所示。

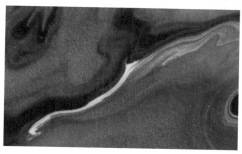

图2-186

第2个：渲染法。先在具有吸水性的纸面上加水，然后添加颜料进行渲染，从而得到肌理效果。这种方法在传统国画和西方水彩画中经常使用，如图2-187所示。

第3个：绘制法。使用颜料等直接绘制肌理，如图2-188所示。

图2-187

图2-188

第4个： 喷洒法。使用喷壶等工具喷洒墨水等，可形成颗粒状的肌理，如图2-189所示。

图2-189

第5个： 拓印法。这种方法在古代碑帖和篆刻、活字印刷中经常使用，一般能让画面具有古韵、古味，如图2-190所示。

第6个： 拼贴法。这种方法是将元素拼合在一起形成肌理，如图2-191所示。

图2-190   图2-191

第7个： 油水排斥法。这种方法利用油和水相互排斥的原理形成肌理效果，如图2-192所示。

图2-192

　　了解了肌理效果的常见制作方法后，还需要知道如何在设计中使用这类效果。肌理具有很强的暗示作用，一个画面使用的肌理往往与其主题相关。例如，电影《至爱梵高》中油画笔触的肌理采用的就是梵·高特有的笔触肌理效果。

由于肌理能够暗示物质材质，所以也会影响画面的视觉平衡效果，如图2-193所示。

图2-193

实例: 书法文字的肌理效果

至此，已经深入地阐述了8种基本的平面构成方式，掌握这些方式，并能娴熟地将它们应用到排版设计中是做好平面设计的基础。

01 使用Illustrator打开"素材文件＞CH02＞实例：书法文字的肌理效果"文件夹中的"分形.ai"文件，如图2-194所示。通过"窗口"菜单打开"画笔"面板，在"画笔"面板左下角单击"画笔库菜单"按钮，执行"矢量包＞颓废画笔矢量包"命令。

02 选择"画笔工具"后选择画笔路径，单击"颓废画笔矢量包04"笔刷，将路径替换为书法画笔肌理效果，如图2-195所示。

03 设置路径的"描边"宽度和线宽等，虽然加入一些文字后画面会变得更加炫酷，但是千万不可加入过于杂乱的效果，以免影响整体的视觉效果，效果如图2-196所示。

图2-194

图2-195

图2-196

2.3 | 三率一界

　　"三率一界"是排版设计中的基础概念，掌握"三率一界"便于设计师整体把握画面的节奏感与层次感，版面结构图如图2-197所示。本节将通过实例结合理论的方式深入阐述"三率一界"的具体含义及应用方法。

图2-197

2.3.1 版面率设计

　　版面率是指图文区域占整个画面的比例，如图2-198所示。留白率是画面中除去内容后的空间占整个画面的比例，如图2-199所示。留白率与版面率成反比。

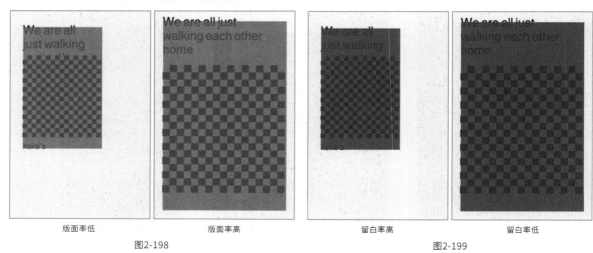

版面率低	版面率高	留白率高	留白率低

图2-198　　　　　　　　　　　　　　　　图2-199

海报的版面率越高节奏越紧，版面率越低节奏越松。也可以说留白率越高节奏越松，留白率越低节奏越紧。海报如果想让观者看上去感觉到轻松、有呼吸感，版面率就不能太高，如图2-200所示。

版面率低　　　　　　　　　　　　　　　　版面率高

图2-200

在拿到文案资料进行信息分组和排版规划时，需要考虑信息的多少与版面率、留白率的高低。笔者在工作中就经常遇到一些运营人员在设计海报前提供了大量的文字信息，这种情况下就需要精简信息，降低版面率，以免影响海报的设计效果。

提示

一般资讯类的宣传页、杂志或网站等的版面率都很高，因为这些产品需要传递大量的信息，如超市的商品宣传单等。

2.3.2　图版率设计

图版率从字面上可以理解为版面中所有图片占版面的比例。当图片尺寸和分辨率较小时，若还想提高页面的图版率，可以通过重复元素或添加色块的方式来填充页面，如图2-201所示。

居家类产品的杂志内页的图版率通常很高，如图2-202所示。此例运用一张大的实景图，给人一种静静地伫立在墙对面的感觉，一切景物都是静态的，连一点风都没有，给人一种宁静美；再添加适量的文字，让整个画面更加平衡，代入感很强。

图2-201

图2-202

2.3.3 跳跃率设计

　　有一种版式叫自由型版式。自由型版式会让页面看上去跳跃、热闹，但要让版面中的所有设计元素看上去既比较随意又条理清晰是有一定难度的，这就需要设计师适度把握版式的"跳跃率"。例如，图2-203所示的画面看上去比较随意，但其元素的排列是有序的，这正是版面跳跃率把握得当的结果。自由型版式非常考验设计师对版面的把控能力。

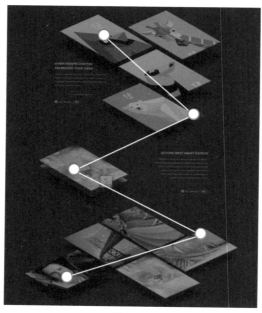

图2-203

2.3.4 视界设计

人类眼睛的上下视野范围约120°，左右视野范围约190°，如图2-204所示，清晰的左右视野范围是70°，30°属于非常专注的左右视野范围。相传在远古时代，男性负责外出打猎，通常会很专注地盯着猎物而忽视周围的风吹草动；而女性则负责四处寻找野果、野菜和照顾乱跑的孩子，经过长时间的进化，女性的视野范围比男性的视野范围要宽阔一些。

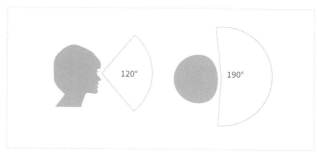

图2-204

排版时一定要注意行宽不能太宽，因为太宽会造成视觉串行，而且长时间阅读很容易产生视觉疲劳，如图2-205所示。

图2-205

2.4 | 排版的 4个步骤

虽然排版本身没有固定的、必须遵循的步骤，但是为了帮助学习者快速掌握排版的思路，本节将重点阐述辅助完成排版的"信息分组""网格与对齐""对比统一""视觉度与细节调整"4个步骤。

2.4.1 信息分组

当拿到一份文案资料时，首先要找到文案主题并认真分析文案资料的信息结构，找出哪一部分是主要信息，哪一部分是辅助信息，哪一部分信息是点缀补充内容。区分出信息块后，每一个独立的信息块又可以细分为标题信息、副标题信息、时间地点信息和联系方式信息等。把这些信息分隔开，有利于梳理清楚整体页面的层级关系与权重，如图2-206所示。

图2-206

将信息的层级关系和权重厘清后才能很好地进行信息分组，分组后的信息块可以形象地理解为一块块"积木"，此时的排版过程就犹如"堆积木"一般，在保证信息层级和权重清晰的前提下版面可以拥有多种样式，如图2-207所示。

图2-207

信息的分组方法有很多种，前面阐述的5种分割方式都可以用来分组，使用较为频繁的是按距离分组，如图2-208所示。下面介绍5种具体的信息分组方式。

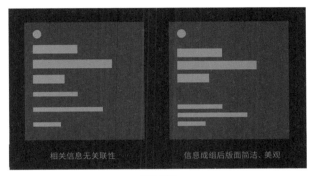

图2-208

第1种： 通过设置不同的留白距离进行信息分组，如图2-209所示。

第2种： 通过线段、形状和色块等元素的分割进行信息分组，图2-210所示。

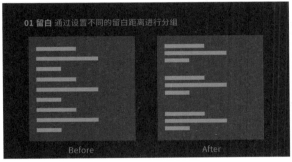

图2-209

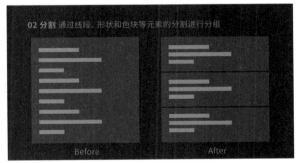

图2-210

第3种： 通过设置不同的颜色进行信息分组，如图2-211所示。

第4种： 通过设置不同的编排方向进行信息分组，如图2-212所示。

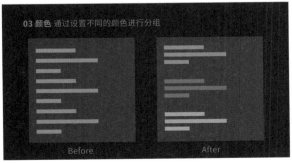

图2-211

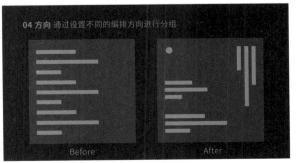

图2-212

第5种： 通过分栏进行信息分组，如图2-213所示。

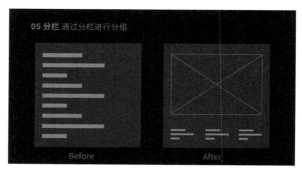

图2-213

信息分组在设计中的综合应用效果如图2-214所示。

图2-214

2.4.2　网格与对齐

大自然中的结构体普遍存在一个显著特点，那就是结构体一般都分为主、次、辅3个部分。例如，动物的大脑、心脏等是主要部分，四肢是相对次要的部分，毛发等是辅助部分。人造物也遵循这个规律。例如，汽车的引擎和轮子是主要部分，座椅等是相对次要的部分，反照镜、灯光等则是辅助部分。排版时同样需要遵循这一规律，将信息分组后再区分为"主要信息群组""次要信息群组""辅助信息群组"，建立这种结构是为了更加明了地进行页面布局与对齐，以及建立版式网格。

例如，将信息分组后可以将信息组放入画面的主、次、辅3个层级中，以形成版面布局，而且可以形成多种布局，便于挑选出最佳的布局效果，如图2-215所示。

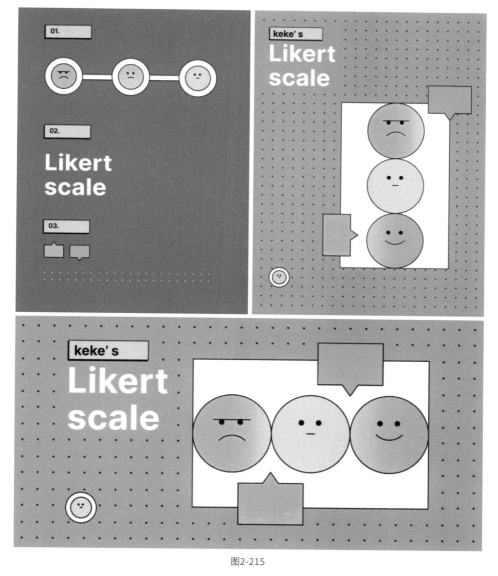

图2-215

也可以建立网格系统进行版面布局，使画面具有理性美。网格系统产生于20世纪初的西欧，完善于20世纪50年代的瑞士。其风格特点是运用数字的比例关系，通过严格计算把版心划分为多个大小一样的网格。如今，网格广泛应用于杂志设计、画册设计、网页设计和UI设计等平面设计领域。

网格系统出现的初衷是为了解决图文混排的效率和美观问题，特别是大篇幅与多页面的报刊、图书和画册的排版。运用规范的网格系统来编排内容，工作效率能得到大幅提升，并且可以轻松创作出严谨而富有节奏，充满理性美的版面视觉效果，如图2-216所示。

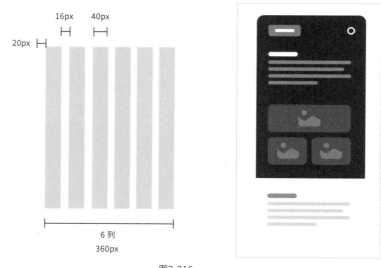

图2-216

网格建好后，用于填充网格的版面元素包括图片（图形）和文字两种类型，文字主要包括标题、正文和注释3种不同用途的文字，图片囊括表格、插图和图形类的视觉元素。若单个页面中的插图较多，其网格系统中的单元格数就不能设置得太少，如图2-217所示。

图2-217

建立网格系统的过程有4个步骤，如图2-218所示。首先划分版心，然后确定分栏（分为1栏、2栏、3栏等），接着预设正文字号和行高，以此来确定版心高度，最后根据展示图片的多少确定单元格数并划分网格。

01 划分版心	02 预设分栏	03 预设字号	04 划分网格
版面大小为A4（297mm×210mm）版心边距上：13mm左：13mm右：26mm下：36mm	预设分栏：3栏预设栏距：5mm栏宽：53.67mm	标题字号：14点正文字号：8点正文行高：13点注释字号：6点注释行高：8点版心高度：54行正文高度	垂直间隔预留：1行正文高度插图张数：2张预设单元格：3栏×6个/栏＝18个单元格高度：54行÷6＝9行

图2-218

实例： 建立网格系统

以A4纸大小的版面为例，建立一个包含18个单元格的网格系统，主要保证版心与四周的距离疏密有致，整个版面美观、舒适。

01 划分版心。根据纸张的尺寸，确定版心与纸张上、下、左、右边缘的距离，为了避免上、下、左、右边距一致而使画面显得呆板，通常可以适当变换边距预留的比例，如左边距：右边距：上边距：下边距＝1：2：2：3。一般A4纸幅面的开本边距超过10mm时，版面效果才比较适宜；边距太小会给人挤压、不透气的感觉，如图2-219所示。

02 预设分栏。主要确定分栏数、栏间距和栏宽3个数据。首先确定分栏数，然后根据经验预设栏间距，栏宽可以通过计算确定。一般A4纸的版面分为3栏，5mm的栏间距比较合适，如果感觉太疏或太密，可以适当增减栏间距。在本例中，分栏数预设为3，栏间距预设为5mm，那么得到的栏宽为（版心宽度－两个栏间距）÷3＝（171mm－2×5mm）÷3＝53.67mm，如图2-220所示。

图2-219

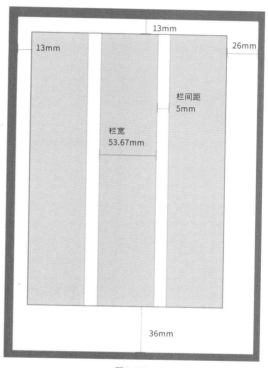

图2-220

提示

如果需要将A4纸的版面分为两栏，那么栏间距可以预设为7mm或8mm。

03 预设字号。在印刷品常规的排版中，字号以"点"为单位，而1点约等于0.35mm。本例中标题字号预设为14点，正文字号预设为8点，正文行高预设为13点，注释字号预设为6点，注释行高预设为8点。那么行数就是（版心高度÷0.35mm/点）÷正文行高＝（248mm÷0.35mm/点）÷13点/行＝54.5行，取整数即54行，效果如图2-221所示。

04 划分网格。为了让版面可以容纳较多的图片，本例将整个版心划分为18个单元格，那么一个分栏中就有6个单元格，每一个单元格的高度相当于9行正文高度，计算方式为版心能放下的正文行数÷分栏的单元格数＝54行÷6＝9行，效果如图2-222所示。

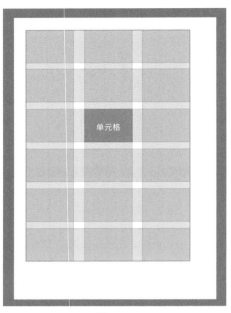

版心区域放
54行正文

单元格

图2-221   图2-222

05 划分网格参考线时始终以正文的行高为基础单位，数到第9行即可添加一条参考线。如果一个页面中需要插入的图片较多，还可以考虑将页面分为21个或24个单元格。在单元格中划分出1行正文高度的"垂直间隔预留"区域，用来放置图注文字，最终得到18格网格系统，效果如图2-223所示。

图2-223

提示

　　"垂直间隔预留"的高度可以是一行、两行或三行的正文高度，且只能采用整数行，这是保证版面美观、整洁的基础。

06 网格系统建好后可以将文案、图片套入网格中。网格系统的精妙与美观之处在于能始终确保图片的底边、顶边与文本行对齐，还能让不同栏中文字的基线都处在同一水平线上，以保证整个版面在视觉上统一、整洁，效果如图2-224所示。

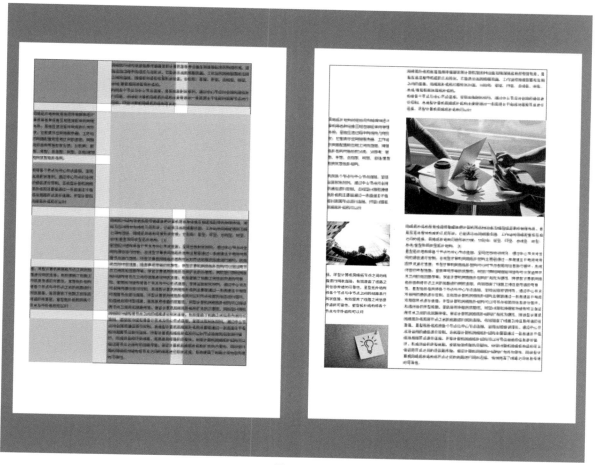

图2-224

网格系统可以严格按上述步骤进行创建，也可以不通过计算、仅凭感觉来创建，只要能够达到设计要求就行。将设计的作品置入网格系统中，效果如图2-225所示。

图2-225

2.4.3 对比统一、视觉度与细节调整

一个精彩的平面设计作品如同一部精彩的电视剧，没有人能看懂的剧不是好剧，所有人一看就懂却没有悬念与冲突的剧也不是好剧，在冲突中引人入胜的剧才是好剧，设计亦如此。要想打动观众，就需要在对比中不断寻求统一，在统一中不断细化对比，这样才能呈现出精彩的画面效果。例如，观察图2-226所示的平面设计图，可以发现以下两个问题。

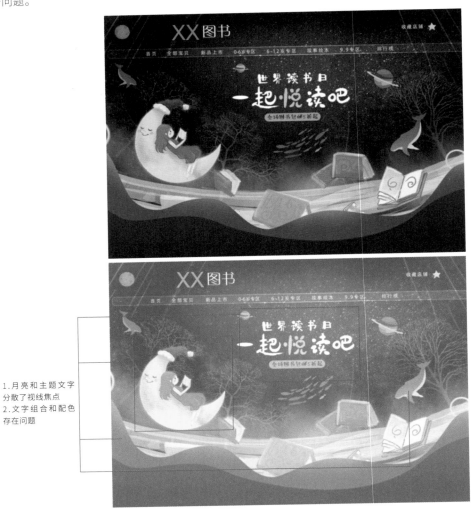

1.月亮和主题文字分散了视线焦点
2.文字组合和配色存在问题

图2-226

信息组合的视觉度存在高低之分，影响程度最大的是面积的大小，其次是颜色的对比度强弱，最后是内容的精彩程度。通过分析得知，画面中的月亮和主题文字分散了视线焦点，这是较为显著的问题。文字组合和配色也存在问题。可以将月亮往中间移动，靠近文字的左下角，让月亮与文字成为一个组合，从而形成统一的视线焦点。当然，这张图中的问题远不止这些，笔者在此只是想说明分析和微调画面效果的思路。

2.5 排版原则 及四角布局

在设计中要根据不同的素材、内容、版面风格进行不同的排版设计。排版四原则是平面设计中的重要组织法则，本节将详细阐述排版四原则及简单易用的"四角布局"排版方法。

2.5.1 排版四原则及其背后的设计原理

原则能够指导行为，只有遵循原则并灵活运用，才能在设计工作中做到游刃有余。

• 排版四原则

排版四原则分别是对比、对齐、亲密性和重复，它是组织造型语言的语法，在排版设计中应处处加以贯彻。复杂的排版中充满了矛盾，需要设计师辩证地处理。只有把握好整体，才能设计出精彩之作。

对比： 不一样、有比较的设计能大大吸引人们的注意力。例如，在图2-227中，左边的主标题与副标题在文字大小上有变化，而右边的主标题与副标题在文字大小上没有变化，因此左边的设计更有层次感、更吸引眼球。

图2-227

对齐： 遵循对齐原则的画面显然更易读，看起来更舒服，如图2-228所示。

图2-228

亲密性：同类近，异类远。这一原则其实在前面的信息分组中就已经有所体现了，如图2-229所示。

主标题
副标题 副标题
副标题
主标题
副标题 副标题
副标题

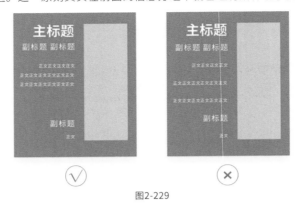

图2-229

重复：重复不仅可以使画面结构统一，还可以增强画面的视觉效果与易读性，如图2-230所示。

主标题
副标题1
副标题2
主标题
主标题
主标题

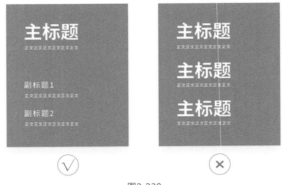

图2-230

设计原理

对现代设计影响巨大的“包豪斯思潮”主张“形式追随功能”，这种主张深刻地影响了各种形态的现代设计。排版同样具有一定的功能。例如，商业促销排版希望刺激受众购买产品，电影海报排版希望激发受众的兴趣并购票观影。

如果只是为了研究排版的视觉效果而研究，这会忽略排版设计的功能性。要想让排版设计更高效地传达信息，就必须遵循人们的阅读习惯、记忆习惯；要想有效地刺激受众，就需要对目标受众的心理需求与心理活动规律有一定的了解。只有符合受众习惯的排版设计才能达到“广而告之”的目的。

理解格式塔心理、把握好异质心理，能让排版更吸引人。格式塔心理学也被称为“完形心理学”，其著名论点是“整体大于部分之和”。格式塔心理贯穿于人类行为的每一个细节中。例如，图2-231所示的文字排版是杂乱的，但是其整体语境没有偏离，人们可以毫不费力地理解其语意，如果不仔细观察，甚至发现不了字序的混乱。

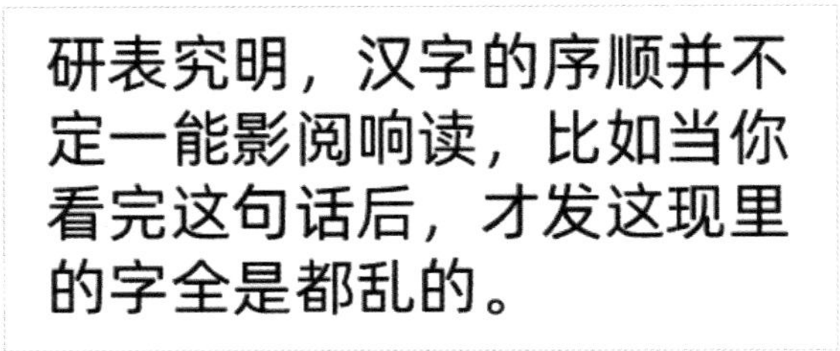

研表究明，汉字的序顺并不
定一能影阅响读，比如当你
看完这句话后，才发这现里
的字全是都乱的。

图2-231

格式塔心理在排版设计中的应用非常频繁。例如，在图2-232中，左侧的"设计智慧"4个字去掉了一些笔画，但人们还是能一眼看出左侧的文字就是"设计智慧"。

图2-232

异质心理产生的原因是人们会特别注意不常见的、违反常规的形态并对其留下深刻的印象，而视觉上的"异质"又比其他感官上的异质更容易引起注意。异质心理建立在感知经验上，只有在违背感知经验的情况下出现才会产生异质心理。例如，电影播放时突然插播一条寻人启事，相信很多人都会对此留下深刻的印象，并且看完电影后还会和身边的人讨论。在排版设计中用好异质心理能够有效增强排版设计的效果。例如，在图2-233所示的图片中，立体物第一眼看上去像浪花，但是仔细一看，发现"浪花"竟然是头发，这就给人留下了深刻的印象。

图2-233

除了理解格式塔心理与异质心理，遵循受众的感知习惯、记忆习惯也是非常重要的。例如，现代人的阅读习惯是从左往右逐行地阅读，古人的阅读习惯是从上往下逐列地阅读，如图2-234所示。

图2-234

由于人们在阅读时的视线习惯沿"Z"形移动，因此在进行排版设计时，元素的排列也要遵循这样的规律，如图2-235所示。

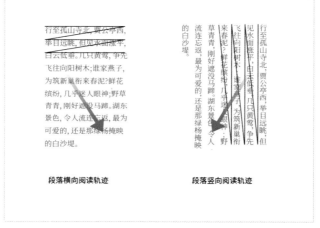

图2-235

《道德经》说："道生一，一生二，二生三，三生万物。""3"在人的认知中确实是一个特殊数字，一段信息可以被分为3个层级，这种划分便于记忆和传播，如图2-236所示。数字"7"是人们记忆的一个极限值，很多研究表明，人们一次记忆的最大限度是7个信息单元，超出这个范围就会记不住。在进行排版设计时也要遵循这些规律，不要把一张海报设计成论文，不然没有人有兴趣看完，即使看完也不记得重点，如图2-237所示。

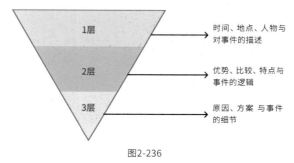

图2-236

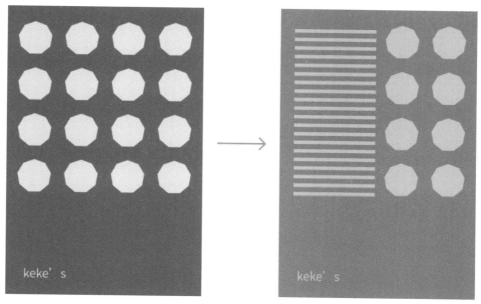

图2-237

2.5.2　四角布局

　　四角布局是一种非常容易学习又很常用的排版布局方法，图2-238所示的作品就采用了典型的四角布局。

　　画面左上角为主要信息模块，撑起了左上角；右上角的图形为点元素，撑起了右上角；左下角的数字与单行文字撑起了左下角；右下角竖排的文字撑起了右下角，整个画面的框架正是通过这4个角的元素撑起来的，整体画面因此显得饱满又有序，如图2-239所示。

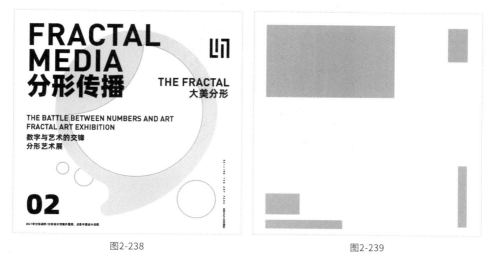

图2-238　　　　　　　　　　　　　　　　　　图2-239

2.6 | 排版问题诊断与版面细节

本节聚焦于实际的设计应用。初学设计的学习者在排版中容易出现平、乱、散、花的问题,本节将系统地运用平面设计的方法帮助学习者解析、诊断设计画面,其中重构画面、优化设计稿是本节的重要内容。

2.6.1 画面的"平"

"平"是指画面没有重点、层次感弱,不能吸引观者的注意力,出现这种画面问题的原因是设计师没有运用好排版四原则中的"对比"原则。

● 解决办法

图2-240是初学者学习设计软件后设计的作品,虽然他已经掌握了软件的基础操作方法,但是设计出的海报并不好看,比较明显的问题就是"平"。每个人凭着原始本能都可以感知到作品的美与丑,但如果想将这背后的原因讲清楚,就需要系统地运用观察分析方法。下面首先使用"设计积木——点线面"的方式来做排版构成的诊断,然后对画面中的元素和配色进行诊断。

图2-240

制作的点线面构成图如图2-241所示。在整体构图上,主图钢琴和主标题的视觉度相等,从而导致画面的视线焦点散乱。由于画面构成中最大的面在钢琴区域,音符和小段文字为点元素,且点元素与面元素之间并无关联的线元素,因此钢琴和文字部分是分散的,没有整体感。画面构成中的面都是矩形面,画面的分割显得僵硬,加上文字信息组之间的距离太近，使得画面内容琐碎、难看。在文字排版上，文字组、行距、字距过小，画面结构松散、均化；文字组都是横向排列的，且没有方向对比；文字与图片没有图层间的叠加关系，导致画面失去空间感。

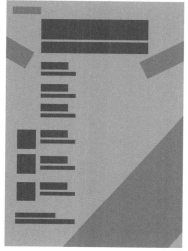

图2-241

对画面元素进行诊断后可知，画面中的图形元素为钢琴与音符，元素过于平常、无趣，不能吸引眼球，而且传递出的是一种生硬、冷漠的感觉。画面中仅采用了一种字体，而且是系统自带的黑体字，字体气质平庸、普通，视觉度较低。画面中唯一的彩色素材是人物照片，但照片是证件照，营造的氛围呆板、无趣，如图2-242所示。

图2-242

对画面配色进行诊断后可知，画面中除了人物照片有非常少的一点色彩，其余元素采用黑白配色，色相对比给人一种消极、沉闷感。颜色层次单薄，过渡的同频色缺失，如图2-243所示。

图2-243

从点线面构成、画面元素和画面配色3个维度进行诊断，已经发现问题，接下来就是针对每一个问题提出具体的修改方案。

• 常见原因

画面"平"的常见原因有以下3点。

第1点： 空间关系没有拉开。例如，背景图喧宾夺主，图文信息分组的间隔不合理，叠压关系表现不足等。

第2点： 对比不明显。例如，字体对比、肌理对比、视觉度对比、曲线与直线的对比、长线与短线的对比、粗线与细线的对比、曲面与圆面的对比、直面与斜面的对比等表现不明显。

第3点： 颜色层次没有拉开，颜色对比关系弱，如明度、纯度、色相对比关系弱。

• 设计改稿

针对诊断结果从配色、构成、元素3个维度进行改稿。首先调整配色，配色调整方案是增大色差，使用明亮、愉悦、热烈的配色，丰富颜色层次。选取明亮的配色，搜索"明亮的配色"寻找参考，发现"黄黑配"是非常经典的明亮配色，继续搜索"黄黑配海报"寻找参考，如图2-244所示。分步精准搜索是设计师应具有的一种能力，被称为"搜商"。

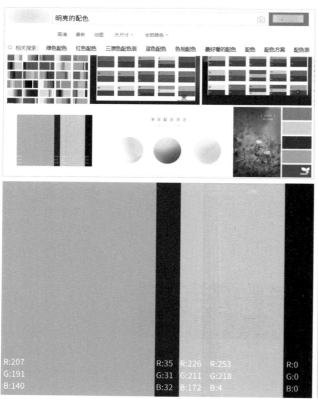

图2-244

利用黄金比例原则设置海报的主色、辅色和点缀色，在Photoshop中创建文件并开始构图，如图2-245所示。优化元素，通过诊断，决定选择带有景深感的钢琴图片，这种图片的颜色有变化，而且能传递出优雅的感觉。将"素材文件＞CH02＞画面的'平'"文件夹中的"钢琴.jpg"文件导入，如图2-246所示。

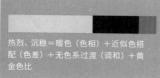

热烈、沉稳＝暖色（色相）＋近似色搭配（色差）＋无色系过渡（调和）＋黄金色比

图2-245

图2-246

　　构图时已经开始进行点线面构成的优化，画面中的最大面是钢琴图，点缀元素是点元素，图片中的琴键有曲线和面，线的部分由文字信息组搭建。这一步开始对文字信息进行排版，确定视觉中心为右上角，紧扣视觉中心采用对齐原则组织文字信息，并分为主、次、辅3组信息，效果如图2-247所示。

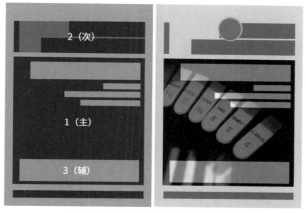

图2-247

　　围绕视觉中心编排文字。根据对比原则，将黄底面上的文字调为深色，深色图片上的文字调为浅色，用字体区分层级，调整行距、边距和字间距，效果如图2-248所示。画面的基本框架已经搭建完毕，然后根据排版四原则对画面进行深入优化，效果如图2-249所示。

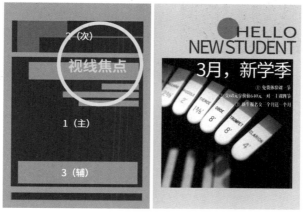

图2-248

图2-249

　　从文字元素的角度来看，主标题文字的视觉度偏低，可以使用"矩形造字"的方法为文字造型，如图2-250所示。文字造型完成后主标题的视觉度提高了，效果如图2-251所示。

图2-250

图2-251

　　进行细节调整。整个画面的视觉中心就是琴键，由于琴键的明度对比太强，所以可以使用Photoshop为其添加一个深色图层并降低深色图层的不透明度，效果如图2-252所示。至此已经完成了改稿，虽然还可以继续优化，但是本案例只是为了演示改稿思路、方法和步骤，改稿前后的对比效果如图2-253所示。

图2-252

图2-253

常用技法

解决画面"平"问题的常用技法有以下3个。

第1个： 拉开空间关系。拉开大小对比和拉开叠压对比的示例效果如图2-254所示；添加光影、虚实、倒影效果塑造立体感的示例效果如图2-255所示。

图2-254

图2-255

第2个： 拉开颜色关系。拉开明度、色相和纯度的对比，示例效果如图2-256所示。

图2-256

第3个： 提高重要元素的视觉度。例如，将主标题文字塑造成立体字，示例效果如图2-257所示。

图2-257

提示

本书重点阐述设计的方法、步骤，具体操作需要读者自行尝试。

2.6.2 画面的"乱"

画面让人感觉"乱"是因为画面元素缺少秩序感。在阅读和理解上给观者造成了一定的困扰，是画面调和失败的结果。

• 解决办法

　　图2-258所示作品的排版给人的第一感觉就是混乱，虽然能看出信息已经经过分组，但是信息组块的排版设计没有秩序感，文字的颜色也较为混乱，让观者不知从何处开始阅览。接下来对此作品进行诊断分析。

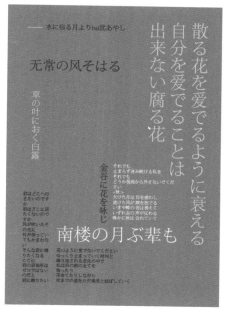

图2-258

　　制作的点线面构成图如图2-259所示。虽然在整体构图上此画面表现为纯粹的文字排版，段落文字呈现出线元素和面元素的构成形态，但是点元素的缺失让观者的注意力难以集中，因此这些文字只是简单堆叠在一起，并不容易阅读。字段将画面分割成了4个大的空白区域（黑色部分），这使画面显得散碎、凌乱，如图2-260所示。在信息排版上，画面中信息组的排序不明确，也没有序号作为引导，让人不知从何看起。信息组间的距离较小，又没有明显的边界，不易读。

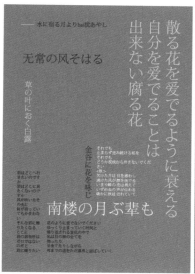

图2-259

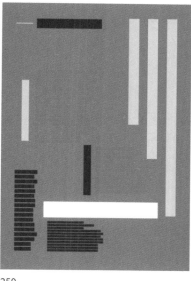

图2-260

进行画面元素诊断。画面中只有文字元素，没有图像元素与图形元素，显得过于单调。且文字只有一种字体，文字虽然有大小的变化，但是缺乏层次，如图2-261所示。

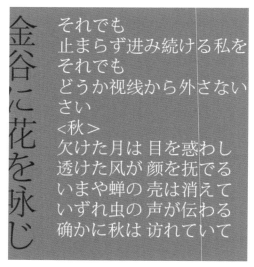

图2-261

进行画面配色诊断。虽然紫灰色调有重色和亮色的搭配，使画面有透气感，但是文字颜色杂乱无序；紫色文字与紫灰色底色、白色文字与紫灰色底色之间的色差太小，导致文字难以识别，如图2-262所示。

图2-262

● 常见原因

画面"乱"的常见原因有以下4点。

第1点： 画面的信息层级不清晰，视线焦点不集中。

第2点： 画面的组织方式混乱。例如，对齐方式混乱或画面视觉失去平衡。

第3点： 元素间缺少共性。例如，造字的笔画特征不统一或风格不一致。

第4点： 颜色乱。例如，缺少同频色的呼应或颜色太多、太艳，导致画面没有层次。

设计改稿

调整配色，可以将文字颜色统一为深灰色或浅灰色，也可以将同一级别的文字颜色统一为一种，并将文字颜色与底色的明度差拉开。接着整体调整版式和元素，将标题文字统一为一种颜色，将内容文字统一为一种颜色，效果如图2-263所示。

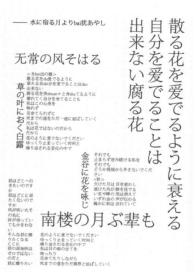
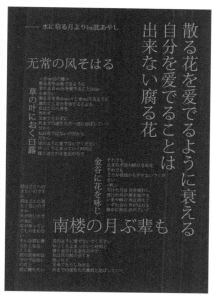

图2-263

增加文字组之间的距离，并且在字段旁的空白区域内置入数字序号，这样既可以使构图变得饱满，又能起到引导阅读的作用。数字序号作为画面中的点元素还能够起到有效吸引视线的作用，效果如图2-264所示。

设置数字序号的颜色为暖色，暖色的数字序号既能和冷色的文字形成对比，从而产生冷暖平衡，也能将数字与底色之间的明度差拉开，效果如图2-265所示。

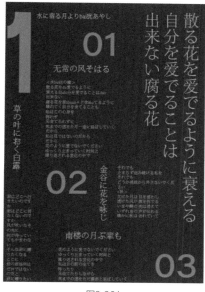
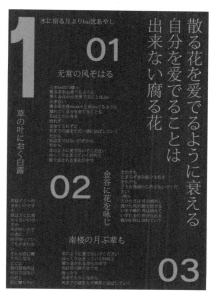

图2-264　　　　　　　　　　图2-265

为了让字段间、信息组块间产生更多的关联，需要加入一些辅助线条，辅助线条除了能够关联信息组，还能起到平衡画面、丰富画面层次的作用，如图2-266所示。

在画面中放入一些图像元素，能够进一步丰富画面中的视觉语言，从而提高画面效果。置入"素材文件＞CH02＞画面的'乱'"文件夹中的"乱-海报改稿-肌理.png"文件后，设置"混合模式"为"颜色加深"，效果如图2-267所示。

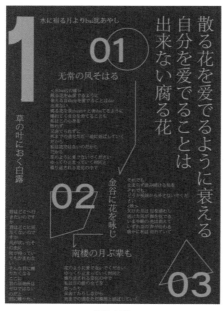 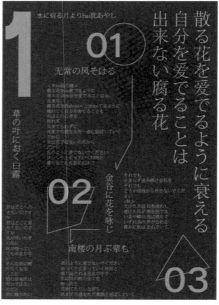

图2-266 　　　　　　　　　　　　　　　　　　图2-267

改稿完成后可以对比一下改稿前后的区别，如图2-268所示。修改的方案有很多种，除了上述内容，还可以为每个信息组添加一个带边框的底色图层，通过层叠关系来优化画面。

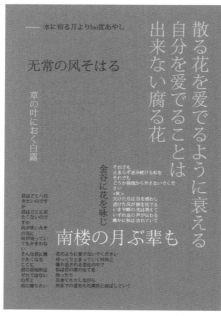 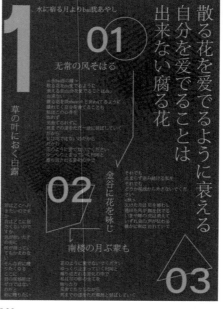

图2-268

常用技法

解决画面"乱"问题的常用技法有以下3个。

第1个: 运用对齐原则。对齐在设计中是比较基础的技法,很多时候画面显得乱是因为元素胡乱摆放,毫无规律可循。合理运用对齐原则是解决画面"乱"问题的不错方式,对齐的过程就是规整画面元素的过程,如图2-269所示。

第2个: 串联视觉元素。画面太乱的常见原因之一是元素之间没有形成呼应,每个元素都是独立的,观者脑海中无法形成一条完整的视线链。避免画面太乱的常用技法之一是将原本独立的视觉元素串联起来,让它们在视觉上呈现出关联性,形成一条不会断开的视线链,如视觉形态的串联,如图2-270所示。

图2-269   图2-270

技术专题: 串联视觉

在图2-271所示的两幅海报作品中,左图和右图中视觉元素的位置是一致的,但是左图给人的感觉比较杂乱。这是因为左图中的每个视觉元素之间毫无关联性,而右图中的元素则保持了同种调性,整体都采用了金属材质,把每个单独的视觉元素都串联成了一个整体,形成了一条完整的视线链,最后简单改变形状,使画面整体不至于过于统一而显得单调。这就是在统一中找变化,在变化中找视觉联系。

图2-271

在色彩的运用上也可以使用串联的方法。例如,颜色的呼应可以形成很好的串联效果,如图2-272所示。在页面设计作品中经常围绕主色进行颜色的串联,目的就是让元素与元素相互呼应,如图2-273所示。

图2-272

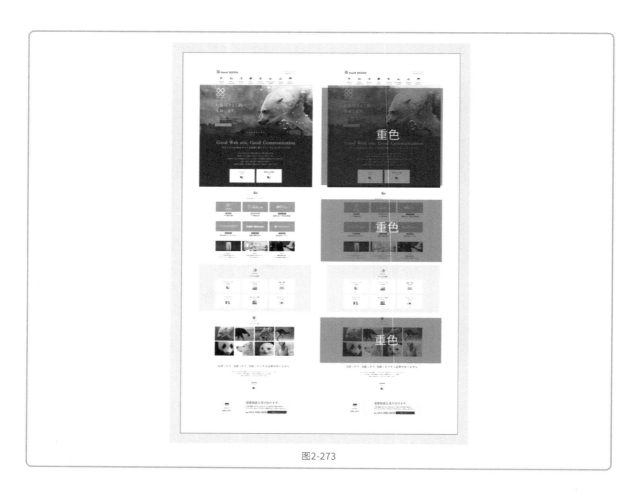

图2-273

第3个： 运用重心平稳原则。稳定画面重心是让设计作品形成秩序感的关键，画面中的颜色、色块和文字等在视觉上都占据着一定的比重，前面提到的色彩呼应也能起到稳定重心的作用。很多海报、页面都喜欢采用重心平稳的构图方式，如图2-274所示。

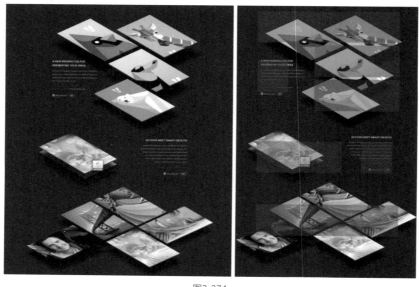

图2-274

2.6.3 画面的"散"

作品排版"散"主要是因为没有用好排版四原则中的"亲密性"原则，松散的版面不仅缺乏节奏感，也不便于阅读。

• 解决办法

排版"散"比较常见的原因是处理不好边距、行距和字距这3个距离间的层次关系。例如，图2-275所示作品存在的显著问题就是边距、行距与字距处理得不好而显得乱。这是一个简洁的图书封面排版，元素本身的问题不大，但是信息组之间的距离设置不当，整体结构松散，可以利用点线面构成图进行诊断分析，制作出的点线面构成图如图2-276所示。

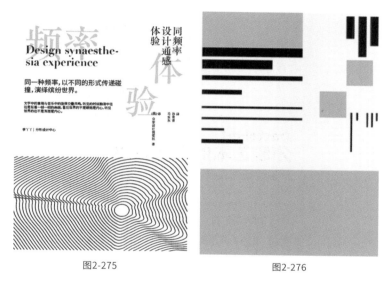

图2-275   图2-276

对点线面构成图进行诊断后可知，在整体构图上，此排版为上文下图的排版，上部的文字可以分为左右两组，左侧文字组左对齐，右侧文字组中的"验"字与右侧文字组脱节，显得突兀。整体图版率大约为70%，留白适中，但是版心内容与版面边缘的距离过小，画面显得松散、粗糙。在信息排版上，左侧文字组之间的距离没有明显的层级梯阶感，画面松散，且字段行间距过大（行间距≥组间距），导致画面结构松散。

进行画面元素诊断。使用抽象渐变的曲线表现音波是没有问题的，且有非衬线体的小字和衬线体的大字两种中文字体、英文字体做补充，字体的使用也没问题，但整个版面缺少细节，可以对主要字体做处理或添加肌理丰富的元素。

进行画面配色诊断。画面中只有黑白灰3色的明度对比，色调统一，但是略显单调，如图2-277所示。

图2-277

• 常见原因

画面"散"的常见原因有以下4点。

第1点： 字间距大于行间距，文字排版显得松散，如图2-278所示。

图2-278

第2点： 行间距大于组间距，版面排版显得松散，如图2-279所示。

图2-279

第3点：版面边缘与版心内容间的距离小于组间距，整个版面显得松散、粗糙，如图2-280所示。

图2-280

第4点：信息组中的内容未对齐，这容易让版面产生松散的视觉效果，如图2-281所示。

图2-281

● 设计改稿

调整配色。搭配使用图2-282所示的沉稳的灰黄色与蓝紫色，既能起到丰富画面、增强色彩对比的作用，又能保持画面的简约风格；保留亮灰色底色，可以起到调和画面的作用。

图2-282

整体调整版式和元素。将版心内容（下方图片、上方文字）往画面中心调整，扩大版心内容与版面边缘之间的距离，效果如图2-283所示。把"验"字往右调整，与"体"字对齐，效果如图2-284所示。

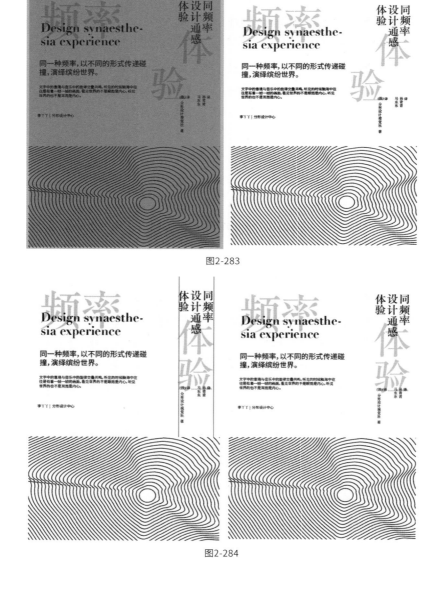

图2-283

图2-284

调整字段的行间距，效果如图2-285所示。设置文字"频率"和"体验"的"颜色"为灰黄色（R:226，G:173，B:96），设置其他文字和底部图形的"颜色"为蓝紫色（R:121，G:72，B:173），效果如图2-286所示。

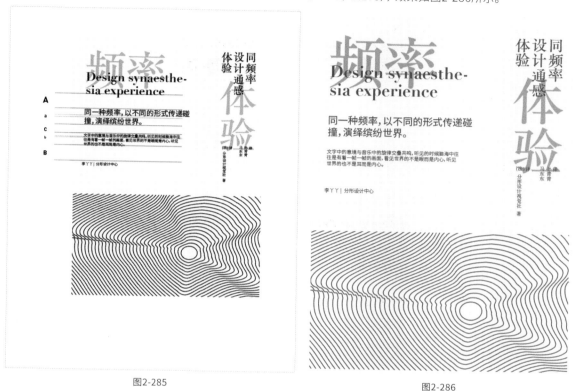

图2-285   图2-286

为了丰富画面的细节与层次，同时把重叠文字的层次区分开，可以为灰黄色文字添加羽化效果，效果如图2-287所示。改稿完成后可以对比改稿前后的区别，如图2-288所示。

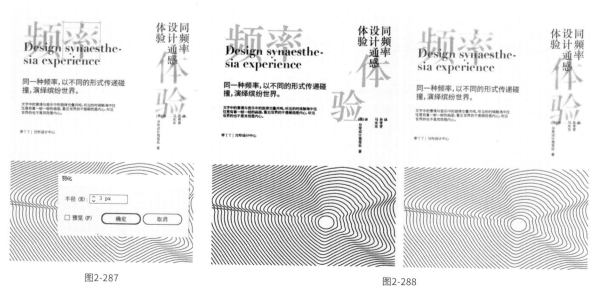

图2-287   图2-288

常用技法

解决画面"散"问题的常用技法有以下4个。

第1个： 使字间距小于行间距，避免字段排版松散，如图2-289所示。

图2-289

第2个： 使行间距小于组间距，避免版面排版松散，如图2-290所示。

图2-290

第3个： 使版面边缘与版心内容之间的距离大于组间距，如图2-291所示。

图2-291

第4个： 对齐信息组中的内容，避免版面排版松散，如图2-292所示。

图2-292

2.6.4 画面的"花"

和前面介绍的3种问题一样，"花"同样是初学者在设计时容易遇到的问题，"花"就是花哨且没有统一调性，导致画面出现层次混乱、粗糙和廉价的视觉效果。

• 解决办法

"花"往往与"乱"同时存在，"花"首先体现在配色上，其次体现在排版和元素的组织上，这类作品往往会把图文信息无序地杂糅在一起，呈现出没有质感的视觉效果，即人们常说的"土味设计"。图2-293所示的海报中较为突出的问题就是"花"。

图2-293

设计师想用各种图层的混合模式和样式特效来充分表现画面，结果却让画面显得非常花哨，不仅画面颜色混乱，元素、字体和排版也非常混乱，毫无质感可言。可以利用点线面构成图进行分析，如图2-294所示。

图2-294

　　进行点线面构成诊断。在整体构图上，画面被分割得支离破碎，给人一种散乱的感觉。整体为上文下图的布局，图文整体呈三角形结构，但是不够饱满。在信息排版上，上部有两个文字信息组和一个时间信息，下部有一组文字信息，基本围绕纵向中轴线居中对齐排列，但是文字排列缺乏整体的层次感，且文字在较为复杂的背景上并不容易识别。文字组内的行距、组距和边距把握不当，致使画面效果粗糙、松散。

　　进行画面元素诊断。画面中使用了各种颜色和样式的肌理效果，有晶格效果、喷溅效果、碎片效果和颜色漫流效果，但这些肌理效果一起出现在画面中看上去并不协调。字体使用了手写体、衬线字体和非衬线字体，但多种字体间并无明显的层次关系，略显粗糙。选用奔跑的人来表现"赢向未来"的员工晋级主题是可取的，只是表现效果不佳，如图2-295所示。

图2-295

进行配色诊断。画面中的颜色太多，而且多以喷溅、晶格等肌理形式出现，显得很无序，这直接导致了色彩上的"花"，如图2-296所示。

图2-296

常见原因

画面"花"的常见原因有以下5点。

第1点： 画面的配色无呼应关系，如图2-297所示。

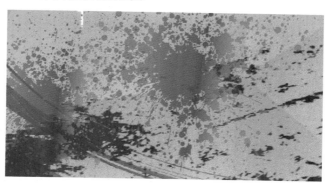

图2-297

第2点： 画面的构图不统一，分割了轮廓形和内形，导致画面过于破碎，如图2-298所示。

第3点： 画面中的各元素无共性，整个画面显得突兀，如图2-299所示。

图2-298

图2-299

第4点： 使用了过多的字体，如图2-300所示。

第5点： 使用了过多的样式特效且未处理好层次关系，如图2-301所示。

图2-300

图2-301

• 设计改稿

调整配色。继续用奔跑的人物来表现"赢向未来"的主题，舍弃空泛的蓝灰色背景，使用能够营造运动氛围的绿色作为主色，黄色作为辅色。用少量的深色与白色作为压重色与提亮色，以保证画面的重量感与透气感，效果如图2-302所示。

图2-302

调整整体版式和元素。新建一个海报版面，设置"背景色"为深绿色（R:1，G:132，B:109），效果如图2-303所示。将文字信息按组置入画面，为了突出"赢向未来"4个字，可以将其居中放大显示，并设置其"颜色"为黄色（R:255，G:228，B:5），效果如图2-304所示。

图2-303

图2-304

修改主题文字的字体为衬线字体，效果如图2-305所示。置入"素材文件＞CH02＞画面的'花'"文件夹中的"晋级-人物奔跑.png"文件并调整其位置，为人物添加投影，效果如图2-306所示。

图2-305

图2-306

为了让画面更有动感，可使文字与人物的倾斜具有共性，为中心文字组统一添加"倾斜"样式，在底部文字之间加间隔线，提高背景图层的亮度，以突出主题并形成视线焦点，效果对比如图2-307所示。

图2-307

将"赢向未来"文字的笔画拆解开并与人物做出折叠效果，这样可以塑造出动感与力量感，丰富画面细节，形成空间层次感，效果如图2-308所示。

"员工晋级"深色字在深绿色的底色上看上去不明显，但是作为海报中的关键字必须要予以强调，因此为其加上黄色底色。为了让人物与背景的颜色衔接得更流畅，可以把人物的颜色调亮一点，效果如图2-309所示。

图2-308

图2-309

黄色矩形看上去比较僵硬，为其添加"笔刷飞白"效果后观感更佳，效果如图2-310所示。深化细节，调整色调，为底色添加噪点和肌理效果，效果如图2-311所示。改稿完成后可以对比改稿前后的区别，如图2-312所示。

图2-310

图2-311

图2-312

● 常用技法

解决画面"花"问题的常用技法有以下4个。

第1个：把所有元素组合成一个整体。避免因元素过多而造成杂乱的有效方法是把所有元素组合成一个整体，当然，不是把这些元素随意堆砌，而是根据各元素的造型、属性将它们组合在一起，如图2-313所示。

图2-313

第2个：控制颜色数量。在元素过多的情况下再加入多种颜色就很容易使作品变"花"。例如，在图2-314中，左图中的产品、场景和装饰元素都非常多，而且几乎涵盖了所有色系的颜色，产品和文字都被"淹没"在了装饰元素中；而右图的色调则处理得很好，简洁又大方。

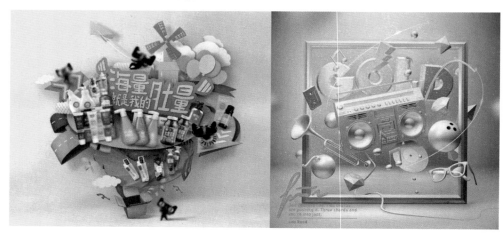

图2-314

第3个：使用简单的背景。很多时候画面变"花"的原因是设计师把大量时间花在了背景的塑造上，从而出现背景喧宾夺主、层次混乱的情况，进行简单的背景处理是防止画面变"花"的有效手法，如图2-315所示。

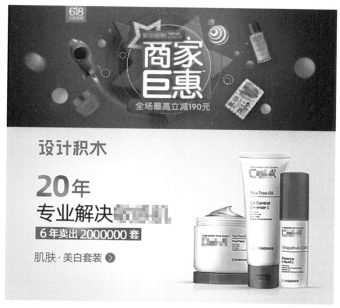

图2-315

第4个：让画面各层次间具有鲜明的对比关系。大小对比、疏密对比、空间对比都可以让画面层次分明。如果没有大小对比，整个版面会显得呆板；如果没有疏密对比，整个版面会显得很分散；如果没有空间对比，整个版面就会缺乏层次感与透气感，如图2-316所示。

图2-316

2.7 | 排版中的 辩证法

　　排版是一个非常复杂的处理过程，这种复杂不仅体现在画面中的颜色、字体、版式和元素等各种影响最终效果的因素上，还体现在画面中每时每刻都存在着的矛盾上。这种矛盾集中体现在秩序与变化上，因为设计过程是在秩序与变化之间找到引导视线的路径的过程。本节将详细阐述对比与调和、遵循网格与打破网格、变化的风格流派与不变的美学原理之间的矛盾关系等，希望学习者能够从中理解辩证的转换关系。

2.7.1 排版是设计的骨骼

　　瓦西里·康定斯基曾经在《点线面》中将艺术形式归结为点、线、面3种元素之间的构成关系，即"依赖于对艺术单个的精神考察，这种元素分析是通向作品内在律动的桥梁"。每个设计师或多或少都有一点"职业病"，有时候会被满屏的信息淹没，有时候会为一个像素的间距而纠结，但只要静下心来从设计的根本出发，不看那些装饰元素、颜色和材质，只从平面构成的角度出发重新解构设计，往往就能重新找回清晰的思路并合理优化画面。点线面的构成思维是设计师的基本观察方法、思考方法和表现方法。不管设计作品的内容与形式多么复杂，最终都可以将它们简化为点、线、面3种元素。

　　如果说点、线、面是设计画面的"骨骼"，那么网格系统就是帮助搭建骨骼的框架。因此，应参考网格系统，运用排版四原则，并综合运用元素、配色等知识来构建画面。本章的意义在于帮助学习者建立系统的排版思路，这种系统的思路可以指导设计师创作出全新的设计作品，也可以让设计师在迷失、困顿的时候找到解决问题的方法。

2.7.2 设计中的对比与调和

　　前面阐述的重复、平衡和变异等多种构成形式是在对比与调和中产生的，有些形式更倾向于统一、调和，而有些形式更倾向于对比。

　　在设计应用中，对于画面中大小、颜色、形态、质地各异的视觉元素，需要建立统一的规则（调和）让画面产生秩序感，如图2-317所示。

图2-317

如果想让杂乱的照片形成秩序感，可以对其进行尺寸的统一，如图2-318所示；也可以使用Photoshop中的"渐变映射"命令统一照片的色调，如图2-319所示。在对比与调和之间存在一个平衡点，如果将画面的视线焦点设置在这个平衡点上，就会给人带来美感，如图2-320所示。

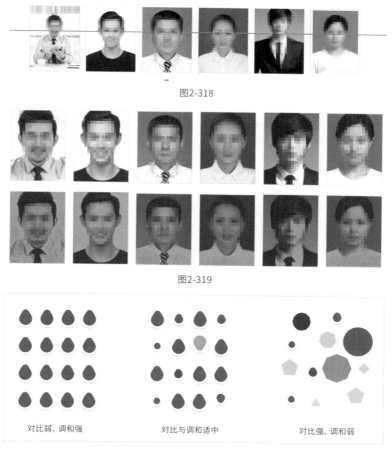

图2-318

图2-319

对比弱、调和强　　　　　　　对比与调和适中　　　　　　　对比强、调和弱

图2-320

对比与调和的平衡能够让画面的视觉张力最大化，而对这种平衡的把握，需要设计师自行领悟。只有进行大量的针对性练习，才有可能强化对画面平衡点的感知。对对比与调和的平衡点的敏感度可以称为"视觉直觉"。在图2-321所示的这组图像中，可以凭借这种"视觉直觉"快速选择出对比效果更好的图像。

图2-321

在文字排版中，字体之间的差别有大有小，这种差别叫"跳跃率"。低跳跃率就是指字体大小、颜色、字形等差别比较小，这种画面往往能给人一种平静的感受，如图2-322所示。而高跳跃率的文字排版能给人以较强的视觉冲击感，体现出活泼、大气的感觉。

图2-322

高跳跃率与低跳跃率的画面只有在接近对比与调和的平衡点时才会协调、美观，只是在高跳跃率画面中更强调对比，而在低跳跃率画面中更强调统一。不仅"跳跃率"体现了对比与调和的统一，"版面率"也体现了这一规律。例如，在图2-323中，上图采用了典型的低版面率排版，视觉上给人一种平和、雅致的感觉；而下图则采用了与之相反的高版面率排版，画面呈现出饱满、热烈的视觉效果。

图2-323

韵律感或节奏感就是画面接近对比与调和的平衡点时产生的感觉。不论是在音乐、诗歌中，还是在视觉表现中，都存在着韵律，如图2-324所示。在音乐中，让不同音色与音调的声音根据时间进行有秩序的分布就会产生节奏；而在视觉表现中，对不同形态、颜色的元素在空间分布上进行有秩序的编排也会产生节奏。

图2-324

对比在文字组中的常见应用包括字形对比、字号对比、字距对比和字重对比，如图2-325所示。字形对比可以是中英文的对比，也可以是黑体与宋体的对比。注意不要在一个文字组合中使用两种或两种以上差异不大的文字进行对比，这样往往会给人一种模棱两可的感觉。

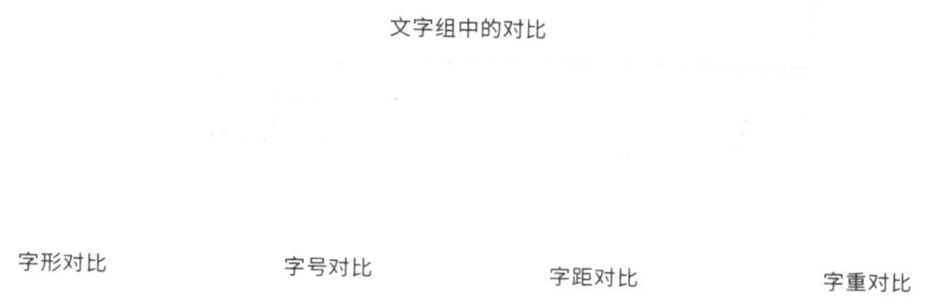

文字组中的对比

字形对比　　　　　　字号对比　　　　　　字距对比　　　　　　字重对比

图2-325

　　图2-326所示的文字虽有大小的对比，但是没有字形上的明显对比，更换字形后明显有更好的对比效果。

图2-326

字号对比的示例效果如图2-327所示。

图2-327

字距对比的示例效果如图2-328所示。

图2-328

字重对比的示例效果如图2-329所示。

图2-329

笔画粗细对比及其组合效果的示例如图2-330所示。

图2-330

画面元素大小对比的示例效果如图2-331所示。

72"
65"
55"
ELECTRO
SHOP
How big is your world cup going to be?

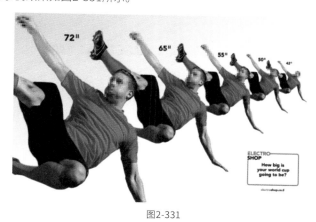

图2-331

画面颜色每时每刻都存在着对比，如图2-332所示。对比的形式还有曲直对比、长短对比、粗细对比和虚实对比等，此处不一一列举。

THE MICROCOSM
THINKING AND EXPLORATION
THE MICROCOSM
ORIGIN OF
MAKE A MIRACLE
ORIGIN OF
THE MICROCOSM
CELL ORIGIN
CELL ORIGIN

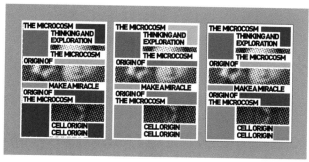

图2-332

调和与对比不一样的地方在于，调和往往不是某种结果，而更像是一个过程，因为调和实际上是在对比的过程中进行必要的约束，以确保画面的效果协调、美观。例如，图2-333所示的文字需要对比才能体现出张力。

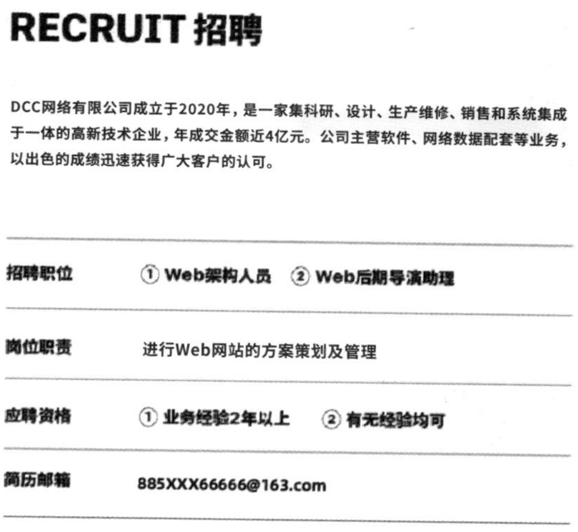

RECRUIT 招聘
DCC网络有限公司成立于2020年，是一家集科研、设计、生产维修、销售和系统集成于一体的高新技术企业，年成交金额近4亿元。公司主营软件、网络数据配套等业务，以出色的成绩迅速获得广大客户的认可。
招聘职位
① Web架构人员 ② Web后期导演助理
岗位职责
进行Web网站的方案策划及管理
应聘资格
① 业务经验2年以上 ② 有无经验均可
简历邮箱
885XXX66666@163.com

图2-333

若在对比的过程中发现元素差别太大，效果并不是很好，可以通过调和来实现对比与调和的平衡，如图2-334所示。

图2-334

2.7.3　遵循网格与打破网格

使用网格进行排版时需要持一种辩证的态度，网格能够辅助建立版面的秩序并形成理性的美感，但是有时候也会带来拘束感，如图2-335所示。

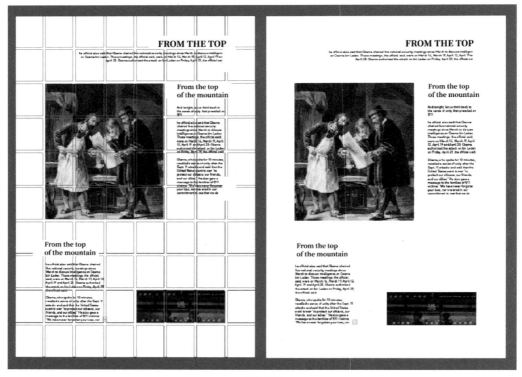

图2-335

这个版面使用了网格系统来辅助排版，虽然画面有了秩序感，但是板块间缺少关联。此时可以使用线元素（文字、装饰线）来形成关联，效果如图2-336所示。

图2-336

除了可以使用线元素形成关联，还可以使用倾斜等手法打破网格的拘束感，效果如图2-337所示。也可以使用虚实等手法打破网格的拘束感，效果如图2-338所示。总之，方法非常多，读者可自行发挥。

图2-337

提示

在使用网格的过程中要有立有破，当立则立，当破则破。

图2-338

2.7.4　变化的风格流派与不变的美学原理

　　想加强自己的设计表现能力，可通过两个维度进行突破：一个维度是提高在排版、配色等设计构成上的能力，这是一个纵向的维度，一旦有突破，则一通百通，任何形式的设计在质量上都会有所提高；另一个横向的维度是风格表现，掌握多种风格的表现手法，能横向加强自己的表现能力。如果说一个厨师能够驾驭多种菜系的烹饪方法是其能力的体现，那么一个设计师可以把一个主题做出多种不同的风格也是其设计表现能力的体现。图2-339所示的图片就是采用相同主题、不同的风格表现手法制作而成的。

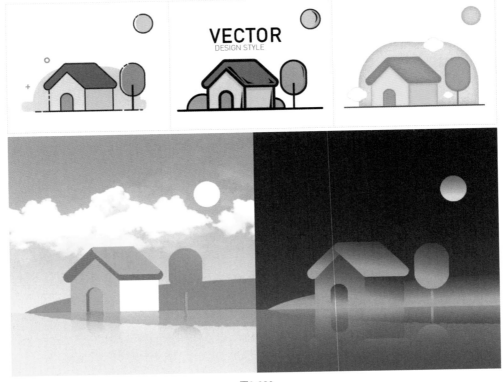

图2-339

　　即使设计师掌握了多种风格的表现手法，但如果没有掌握排版、配色等基本设计原理，那么，不论创作哪种风格的作品，都会存在排版和配色上的问题。不论学习多少种软件技术和表现手法，作为设计根基的排版和配色原理都是必须要掌握的知识。风格变化无限，但基本的构成法则与美学原理恒久不变。

第 3 章

万物有色：管理色彩

色彩附着于所有有形的物体上，色彩构成与平面构成是设计构成中不可分离的两部分，设计表现的关键是将排版与配色融为一体。本章将深入解析色彩原理，并通过实例阐述设计应用中的色彩三大原则；帮助学习者建立学习色彩搭配所必需的思维模型，并以此为基础，讲解设计工作中的基本方法与具体技巧。

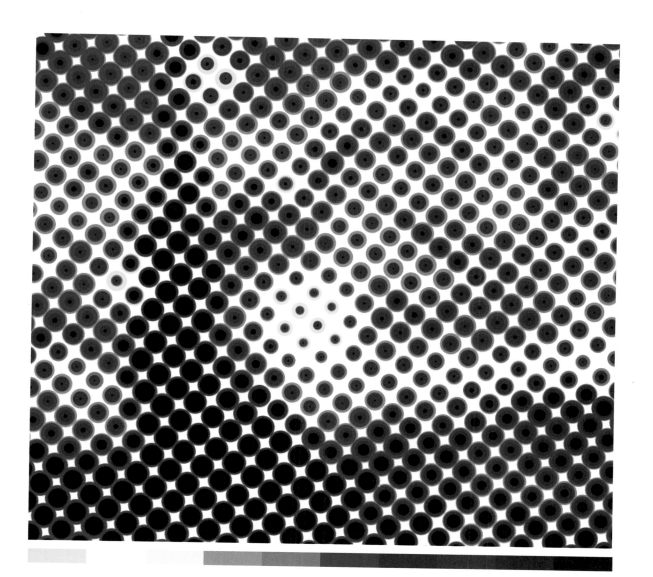

DESIGN
BUILDING BLOCKS

3.1 | 色彩原理与
色彩的相关概念

　　配色之所以会成为很多设计学习者的学习瓶颈，其根本原因是学习者不能客观地理解色彩原理。本节将深入阐述色彩原理及相关的色彩概念，希望学习者在学习后能理解色彩应用的原理和技巧。

3.1.1 色彩原理与色彩感知

　　在印象派画家克劳德·莫奈的《草垛》系列作品中，可以清楚地看到画面中同一个草垛在不同的光线条件下会呈现出不同的色彩效果，正午阳光下的草垛暗部呈现出橙色倾向，雪地中的草垛暗部呈现出蓝紫色倾向，如图3-1所示。

图3-1

　　草垛的颜色显然会随着环境条件的变化而变化，不仅草垛如此，红色的草莓、绿色的树木也会因环境条件的变化而呈现不同的视觉色彩效果，那么色彩的形成原理是怎样的呢？
　　事实上，色彩与光是分不开的，没有光就没有色。例如，站在伸手不见五指的黑暗环境中是看不到色彩的。光本质上是一种波，不同频率的可见光波在人眼视锥细胞的感知下会呈现出不同的颜色。例如，波长为622nm～770nm的光波呈现为红色，波长为455nm～492nm的光波呈现为蓝色。为了让读者更好地理解这句话，下面笔者会分别阐述"可见光波""视锥细胞""色散实验"的概念。

· 可见光波

微波炉的"波"、医学检测中的X射线都属于波，但是这些波不能被眼睛所感知到。只有波长为380nm～780 nm的电磁波才可以被人眼识别。

· 视锥细胞

视锥细胞是眼球中用于感知可见光波的细胞。不是每个人都拥有相同种类的视锥细胞，大多数人拥有3种视锥细胞，能够识别约100万种颜色。色弱者只拥有两种视锥细胞，因而他们只能识别约1万种颜色。色盲症患者并不是完全不能识别颜色，而是只能识别约100种颜色。少数人拥有4种视锥细胞，能够识别约1亿种颜色。色盲色弱测试图如图3-2所示。

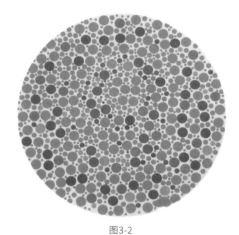

图3-2

· 色散实验

色散是指光束通过三棱镜后被分成多道彩色光，如图3-3所示。其原理是由于三棱镜的两面不平行，各种色光在另一面折射时入射角差异很大，不同频率的光波分散，从而呈现出彩色的视觉效果。从色散实验中可以得出结论：人眼看到的白色（无色）光束其实是由多种不同频率的光波（从紫色到红色的可见光波）叠加产生的。这种多频率光波的叠加结构有一个形象的名称，叫"洋葱结构"，在Photoshop中也可以将三原色叠加形成白色。

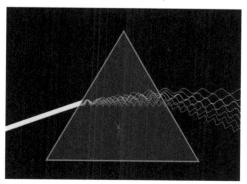

图3-3

创建一个800像素×800像素、RGB颜色模式的文档，如图3-4所示。创建3个空白图层，分别命名为"红""绿""蓝"，设置"红"图层的颜色为红色（R:255,G:0,B:0），"绿"图层的颜色为绿色（R:0,G:255,B:0），"蓝"图层的颜色为蓝色（R:0,G:0,B:255），如图3-5所示。

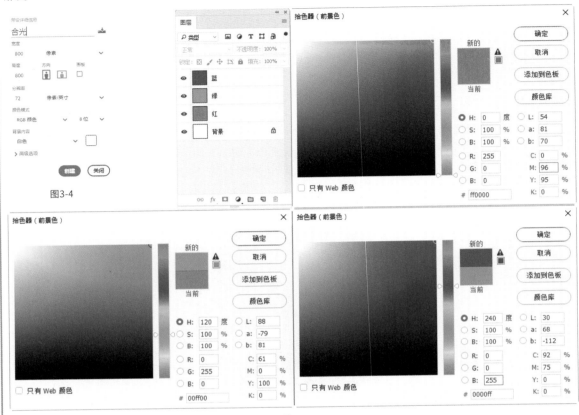

图3-4

图3-5

将"红""绿""蓝"3个图层的混合模式修改为"叠加"，即可看到画面变成了白色，如图3-6所示。

图3-6

那么为什么草莓是红色的,而树叶往往是绿色的呢?要明白,光有在同种均匀介质中沿直线传播、射到物体表面时会发生反射、从一种介质斜射入另一种介质时会发生折射3种传播特性,如图3-7所示。

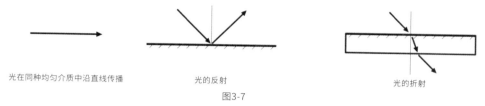

光在同种均匀介质中沿直线传播　　　光的反射　　　光的折射

图3-7

草莓之所以是红色的,树叶之所以是绿色的,本质上是因为不同物体表面吸收白色光束中的光波种类不同。例如,草莓能够吸收白色光束中除红色光波外的其他光波,红色光波则被草莓表面反射到人眼的视网膜上,人眼看到的草莓就是红色的,如图3-8所示。

图3-8

又因为物体表面接收到的光线不均衡,受光最多的部分会形成高光,高光本质上是光线太充足,而物体表面不能将其完全吸收,所以在视网膜上形成了白色高亮效果;而暗部则是因为受光太少,只有很少的光可以折射到视网膜上,从而呈现出灰暗的效果,如图3-9所示。明白了这一原理,就能够理解《草垛》系列作品中的同一个草垛为何在不同的光线条件下会呈现出不同的色彩效果了。

折射光线多　　折射光线少

图3-9

人们对色彩的感知比对形状的感知更加敏锐,并且不同的色彩会对人的心理产生不同的影响。红色激进、热烈,能给人一种力量感;蓝色纯净、深沉,能给人一种冷静感;黄色能给人一种轻松、快乐感。餐饮行业的室内设计多采用黄色系的配色,其原因就是黄色能增强人们的食欲,如图3-10所示。

图3-10

"色彩感知"可以简单理解为色彩具备表达情感、知觉的特征，如可以表达冷暖、距离、涨缩、庄重和热烈等情感。"色彩感知力"则是人们对色彩的敏感程度。不同的人对同一色彩的感知是不同的，同一色彩在不同环境中给人的感觉也不一样。例如，图3-11中的A格和B格颜色相同，但看起来一深一浅，就是因为受到了阴影的影响。

图3-11

对色彩的感知与个体的生理和心理是相关联的，这种感知是生理上对色彩的识别与心理上对色彩的感受的综合结果。瓦西里·康定斯基认为，在心理作用下，色彩不仅能传递视觉上的感受，还能唤起人们其他的感觉。通常人们对色彩的感知经验与触觉、嗅觉和味觉等经验会交织在一起。

色彩感知能力弱的人一般只能识别常见的典型颜色，而难以识别不常见的颜色。例如，在图3-12中，左边的绿色是绝大部分人都可以轻松识别的典型绿色，而右边不常见的绿色则相对较难识别。

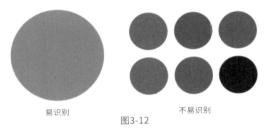

易识别　　　　　　　　　不易识别

图3-12

为了能在设计中更轻松地驾驭色彩，笔者总结了以下两个影响人们色彩感知力的重要因素。

第1个：色彩识别能力。影响一个人色彩感知力的生理基础当然是其识别颜色的能力。

第2个：感受关联能力。感受关联能力包括能否从红色中感受到热烈与炽热、能否从绿色中感受到春意盎然，这种将抽象色彩与具体意象、触觉和嗅觉等相关联的能力是影响人们色彩感知力的心理内核。

读者可以通过调色练习提高自己的色彩识别能力，比较常见的方法是使用颜料来表现自然界中的丰富色彩，在同一色调下根据环境的变化调出微妙而有关联的色彩，在调色过程中注意对自己的判断进行修正，如图3-13所示。

图3-13

调色练习包括3个阶段，每一个阶段的关键都是判断，但是需要判断的点是不一样的。第1个阶段是判断基本的颜色构成，如橙色＝红色＋黄色，浅橙色＝红色＋黄色＋白色，灰橙色＝红色＋黄色＋少量蓝色＋白色，如图3-14所示；第2个阶段是在调色板上调色，在调色过程中需要验证自己对调色结果的判断是否准确，准确则继续进行练习，不准确则进行第3个阶段；第3个阶段是细微调整颜色的构成，以得到准确的颜色。反复进行调色练习可以培养出较敏锐的色彩识别能力。

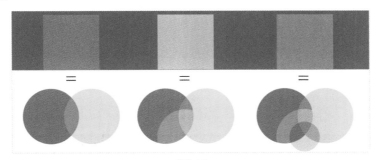

图3-14

提高感受关联能力的方法就是在生活中多对色彩展开联想。例如，看到红色与黄色时可以联想到故宫的红墙黄瓦等。也可以使用思维导图来拓展联想的范围。拥有色彩感知力是配色的基础，在此基础上学习配色的原则和技巧可以提高自己驾驭色彩的能力。

3.1.2 10个色彩基本概念

就像学习数学要掌握公式一样，只有掌握了前人总结的原则和方法，配色时才能少走弯路，减少不必要的探索过程，这个学习过程可以称为色彩理论的"基础建模"。

• 色彩三要素

色彩三要素分为色相、纯度和明度，如图3-15所示。

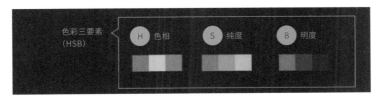

图3-15

色相可以理解为色彩的识别特征。例如，红色和蓝色的色相相差很大，因而容易被区分，如图3-16所示。

图3-16

明度可以理解为色彩的明暗程度，是影响色彩视觉感受的重要因素，如图3-17所示。

图3-17

纯度即颜色的鲜艳程度，如图3-18所示。

图3-18

● 孟塞尔色彩体系

孟塞尔色彩体系是由阿尔伯特·孟塞尔创立的色彩体系。色彩体系有孟塞尔色彩体系、奥斯特瓦尔德色彩体系和PCCS色彩体系3种，当前国际上已广泛采用孟塞尔色彩体系来划分和标定色彩。孟塞尔色彩体系的色彩表示法为HV/C＝色相 明度/纯度。

人们常说的三原色、三间色等概念都属于孟塞尔色彩体系。孟赛尔色彩体系模型体现了色彩三要素，即色相、纯度和明度；中心轴体现了黑、灰、白的明暗构成，并将其作为彩色系各色的明度标尺；中心轴至色相环的横向水平线为纯度轴；色相环上总共包括10种颜色，每种颜色又可细分成多种颜色，如图3-19所示。

由于各色的纯度值不同，因此色彩体系模型中的各色与中心轴的水平距离不同，其中红色的级别较多，如图3-20所示。

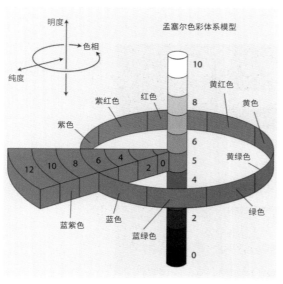

图3-19

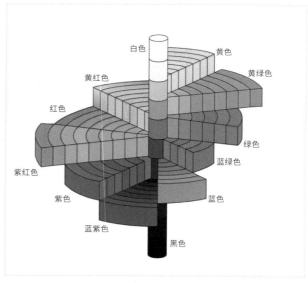

图3-20

• 色调分区

可以根据不同的明度和纯度把一种颜色区分为4个区间，分别是明色区间、纯色区间、灰色区间和暗色区间，如图3-21所示。当然，还可以把这4个区间再次细分为9个区间，如图3-22所示。

图3-21

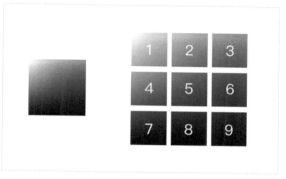

图3-22

以这4种不同的色彩区间颜色为主色所形成的色调被称为明色调、纯色调、灰色调和暗色调。纯色调海报的示例效果如图3-23所示。

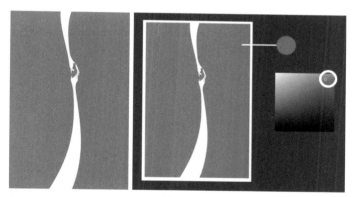

图3-23

明色调海报的示例效果如图3-24所示。

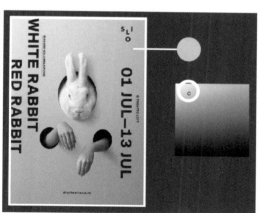

图3-24

灰色调海报的示例效果如图3-25所示。

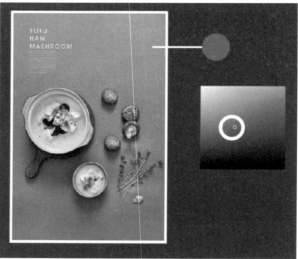

图3-25

暗色调海报的示例效果如图3-26所示。

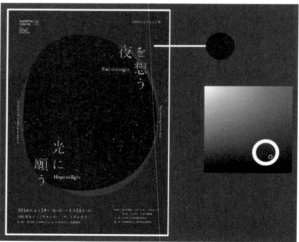

图3-26

• 明度九调

根据孟塞尔色彩体系的理论知识，可以把明度由黑到白、等差分成9个色阶，叫作"明度九调"，如图3-27所示。

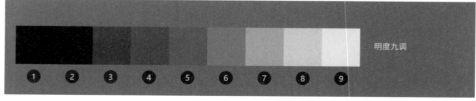

图3-27

不同的色调有着不同的视觉特点,1级～3级的明度为低调,3种低调的特点与构成如图3-28所示。

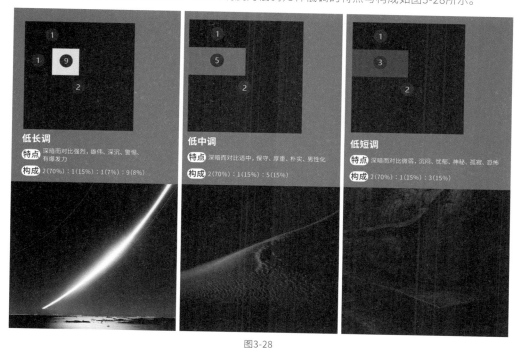

图3-28

提示

图中圈码对应明度色阶,百分比为肉眼判断颜色在整体画面中大概的占比,请不要过于纠结参数的准确性。

4级～6级的明度为中调,3种中调的特点与构成如图3-29所示。

图3-29

7级～9级的明度为高调,3种高调的特点与构成如图3-30所示。

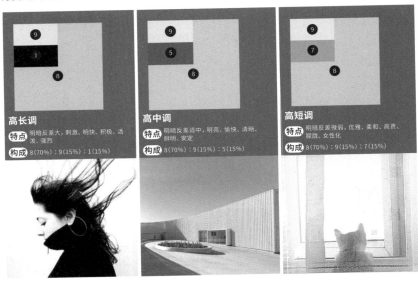

图3-30

纯度九调

根据孟塞尔色彩体系的理论知识,可以把颜色的纯度等差分成9个色阶,叫作"纯度九调",如图3-31所示。不同的色调有着不同的视觉特点。

图3-31

3种鲜调(高纯度)如图3-32所示。

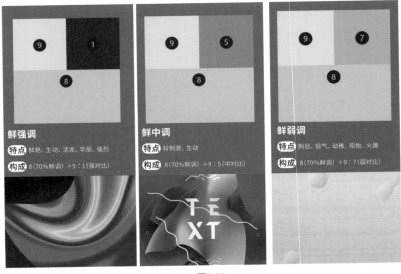

图3-32

3种中调（纯度适中）如图3-33所示。

图3-33

3种灰调（低纯度）如图3-34所示。

图3-34

• 互补色搭配（强色相差色彩搭配）

色相环中相隔180°左右的两种颜色相互搭配称互补色搭配，如图3-35所示。互补色搭配会产生强烈的视觉对比，让人感到红的更红、绿的更绿，色彩的张力可以得到最大限度的展现。

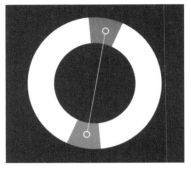

图3-35

• 对比色搭配（强色相差色彩搭配）

色相环中相隔120°左右的两种颜色相互搭配称对比色搭配，如图3-36所示。对比色搭配又称撞色搭配，其视觉张力非常强，在设计中应用得非常频繁。

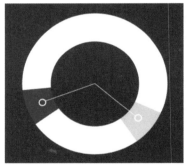

图3-36

• 中差色搭配（中色相差色彩搭配）

色相环中相隔90°左右的两种颜色相互搭配称中差色搭配，如图3-37所示。中差色搭配是比较"中庸"的色彩搭配，这种搭配具有较强的视觉张力，同时易于调和，属于包容性非常强的色彩搭配。

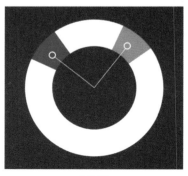

图3-37

• 近似色搭配（弱色相差色彩搭配）

　　色相环中相隔60°左右的两种颜色相互搭配称近似色搭配，如图3-38所示。虽然近似色搭配的视觉张力相对前面几种搭配要弱一些，但是它较容易调和，采用这种色彩搭配方式的作品色调往往比较柔和。

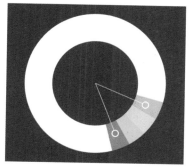

图3-38

• 同类色搭配（弱色相差色彩搭配）

　　色相环中相隔30°以内的两种颜色相互搭配称同类色搭配，如图3-39所示。同类色搭配的视觉张力弱，但非常容易调和，采用这种色彩搭配方式的作品色调会很统一，其缺点就是色彩张力不够。

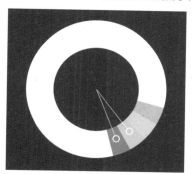

图3-39

　　例如，在图3-40所示的两张信息内容完全一样，只是配色不一样的图片中，可以感觉到左图的配色要比右图的配色明亮，左边的图片更容易辨识。原因就是色彩搭配的对比度不同，左图采用柠檬黄色作为背景色，并搭配蓝色文字，对比强烈；右图采用柠檬黄色作为背景色，并搭配赭橙色文字，对比较弱。

图3-40

对比的强弱是由搭配颜色之间的色差决定的，具体包括色相差、纯度差和明度差。色相差就是搭配颜色在色相环中的间隔角度，两种颜色间最大的色差为180°，相隔180°的两种颜色可以称为互补色，互补色搭配会给画面带来极强的对比效果。图3-40中左侧图片的柠檬黄色搭配蓝色就是典型的互补色搭配；而右侧图片中的两种颜色同属于橙色系，在色相环中相隔小于15°，属于同类色搭配，因此其对比效果较弱。两张图片中的色彩在色相环中的分布示意图如图3-41所示。

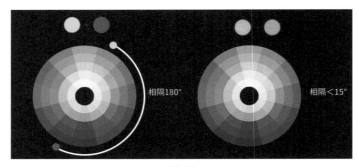

图3-41

左图的色彩搭配除了色相差远大于右图，明度差也远大于右图。从明度角度分析，蓝色是色相环中明度很低的颜色，而黄色是色相环中明度很高的颜色，黄色与蓝色的明度差很大。右图的配色明度差相对较小。在色相环上进行取色，可对比两图配色的明度差，如图3-42所示。

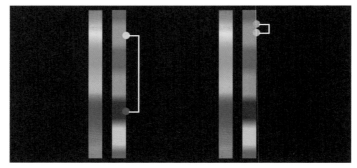

图3-42

由上可知，视觉对比效果取决于搭配颜色之间的色差。日常设计工作中常见的色彩对比关系有互补色对比（两色相隔约180°）、对比色对比（两色相隔约120°）、中差色对比（两色相隔约90°）、近似色对比（两色相隔约60°）、同类色对比（两色相隔30°以内），不同类型的对比能传达出不同的视觉效果，适用于不同的场合，并能够营造不同的氛围。

互补色对比的示例效果如图3-43所示。

图3-43

对比色对比的示例效果如图3-44所示。

图3-44

中差色对比的示例效果如图3-45所示。

图3-45

近似色对比的示例效果如图3-46所示。

图3-46

同类色对比的示例效果如图3-47所示。

图3-47

3.1.3 不同色彩的特点及对应的视觉心理

    不同的色彩对人们的心理有着不同的影响，色彩往往被赋予了某种情感属性或文化内涵。例如，红色往往蕴含着热情、力量、激昂的情感属性，同时具有喜庆等意义；而黄色往往蕴含着快乐、明朗的情感属性，同时具有丰收、财富等意义。

    对不同色彩的情感属性与文化内涵进行充分的了解，有利于帮助学习者培养对色彩的感知力，从而在设计过程中轻松驾驭色彩。本小节将对常见色彩的特点及对应的视觉心理进行阐述。

• 红色

    最高调的颜色非红色莫属，红色光的波长比其他可见光的波长都长，且作为原色之一的红色是不能用其他颜色调出来的，红色拥有的热情感也是其他色彩所无法比拟的；如果想表现出热情、活力的一面，选用红色就十分合适。红色既包含热情洋溢的正红色，也包含轻柔粉嫩的粉红色，这是基于"红"这个色调拓展出的情感空间。要在红色与蓝色中选择一种颜色代表女性，显然红色更加适合。不同的红色能代表不同年龄段、不同气质类型的女性。例如，玫瑰红色往往代表成熟女性，粉红色则代表少女，如图3-48所示。

图3-48

    可以使用红色与黑色来表现"铁血"风格的力量感，效果如图3-49所示；在表现高端、奢华的主题时也可以使用红色，如图3-50所示。红色在表现文化艺术类的主题时可以体现出浪漫感与沉淀感，如图3-51所示。红色在"喜庆"的主题中使用较为频繁，如图3-52所示。此外，红色还可以表现权力、危险、刺激等主题。

图3-49

图3-50

图3-51

图3-52

由于红色的刺激感非常强，所以大面积使用高纯度的红色容易让人产生抗拒感，通常需要对其进行纯度处理。在选用红色作为主题色时，必须认真理解设计目的，然后根据目的准确使用红色。

● 橙色

橙色比红色温和，比黄色沉着，有一种中性魅力，因此在商业设计中橙色比红色和黄色应用得更广泛。

橙色代表美味、有食欲、爽口和年轻等，经常用来表现与食品相关的主题，如图3-53所示。橙色还具有温暖、亲近、好动和友好等意象，这种温暖的意象可以传递乐观、积极的情绪，常用来表现阳光、温暖的主题，如图3-54所示。橙色还代表着财富、金融和奢侈，具有财富与丰收的含义，常用来表现具有商业属性的主题，如图3-55所示。

图3-53

图3-54

图3-55

虽然橙色可以让画面变得亲切，在表现活力时非常有用，但是画面中如果存在过多的橙色又会显得沉闷。使用橙色作为主色时，至少需要用一种强烈、厚重的色彩和一种明亮的色彩与之搭配，因此橙色经常与深灰色或黑色等进行搭配，如图3-56所示。注意，同属橙色系的不同色彩给人的感觉不尽相同，有充满年轻感的鲜明的橙色，也有充满复古感的偏褐色的橙色，如图3-57所示。

图3-56   图3-57

● 黄色

黄色是所有颜色中除白色外最明亮的颜色，如果想提高整个画面的亮度，黄色是很好的选择，它可以表达温暖、欢快的感觉，还可以赋予作品活力。

黄色具有通透性，能给人一种非常单纯、轻松的感觉，常用于表达童真、天真的主题。黄色与蓝色、绿色等搭配能够得到很强的活跃度；黄色与灰色、黑色搭配可以弥补黄色"轻"的缺陷，高明度的黄色与深色的明度差非常强烈，能够体现出理性的感觉；黄色和白色等无彩色搭配并作为背景色时，背景上的其他元素会显得更加明亮，如图3-58所示。

图3-58

黄色除了常作为主色，还经常作为强调色。例如，在深色环境中使用少量的黄色能起到强调作用，如图3-59所示。降低了明度的黄色具有怀旧感，经常与绿色等近似色搭配使用，这种搭配可让画面显得柔和又古典，如图3-60所示。

图3-59   图3-60

绿色

绿色是大多数植物的颜色，它能让人联想到自然、环保、纯净和天然等，如图3-61所示。

绿色象征着生命力，是富有活力的颜色，常用于表达健康、成长等主题，如图3-62所示。

图3-61

图3-62

绿色作为中性色是可冷可暖的。由于在自然界中很少能见到纯度很高的绿色，因此在设计中应用绿色时经常需要降低纯度。绿色是一种比较低调的颜色，如图3-63所示。

图3-63

• 蓝色

蓝色是绝对的冷色调,能让人联想到天空和海洋,有着浩瀚和广大的意象之美,在表达逻辑、理性、专业性和科技等主题时应大量使用。

蓝色可以作为科技和工业主题中的主要颜色,如图3-64所示。干净与清爽的蓝色常用来表现健康、纯洁和拼搏等主题。忧郁深沉的蓝色与咖金色、银色等搭配能营造奢华的氛围,如图3-65所示。如果红色是女性的色彩,那么蓝色就是男性的色彩——能够表现出沉稳和理性的感觉,如图3-66所示。蓝色是有距离感的颜色,高冷、寒冷的主题氛围很适合使用蓝色,如图3-67所示。

图3-64

图3-65

图3-66

图3-67

提示

蓝色是深沉、理性的,用另一种与之相对抗的颜色进行搭配,这样会有较好的视觉效果,单一的蓝色容易给人一种乏味的感觉。蓝色经常与青色一起作为渐变色使用,也经常与橙色、黄色、红色搭配,以形成明显的色差,如图3-68所示。

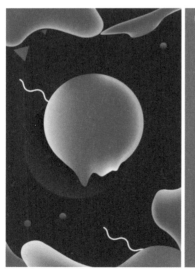

图3-68

• 紫色

紫色光波是可见光波里波长最短的光波,由于紫色是稀缺的颜色,在自然界中并不像绿色、蓝色一样大面积存在,仅可在花朵、葡萄等植物上零星看到,所以紫色往往给人一种神秘、含蓄与高贵的感觉。

紫色含蓄、高贵，可用于表现女性的优雅感；紫色具有神秘感，因此适合用来表现浪漫、爱情等主题；紫色的深沉、含蓄还能给人一种孤独感，在表现有思想深度、奇怪的主题时紫色是一个不错的选择，如图3-69所示。

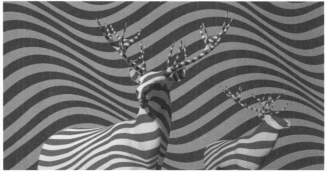

图3-69

使用紫色时需要秉承"扬长避短"的用色思路。紫色具有暗色特质，其明度稍低，就会给人一种沉闷感，因此选择明度较高的紫色与其他颜色搭配比较容易获得较好的画面效果，如图3-70所示。由于紫色有消极因子，黄色有积极、轻松因子，因此黄色与紫色的搭配效果比较好，如图3-71所示。低纯度的紫色与高明度的亮色搭配可以给人一种积极、融合和压制的感觉。

图3-70   图3-71

技术专题：色彩属性总结

色彩属性的形成是社会文化、自然现象和心理感受的综合作用，了解色彩的属性并加以发挥是用好颜色的重要基础，色彩属性总结如图3-72所示。

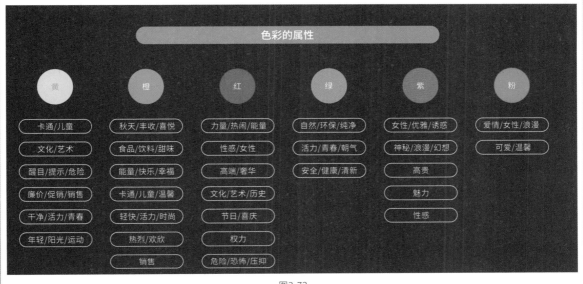

图3-72

3.1.4 色彩的视错觉

配色的核心是处理好颜色与颜色之间的关系。要处理好颜色间的关系，不仅要了解各颜色独有的属性，对存在的色彩视错觉也需要有客观的认识，色彩的视错觉可以总结为以下5点。

第1点：颜色的前后、大小等并不是完全由其本身决定的，而是和旁边颜色相互作用形成的结果，如图3-73所示。

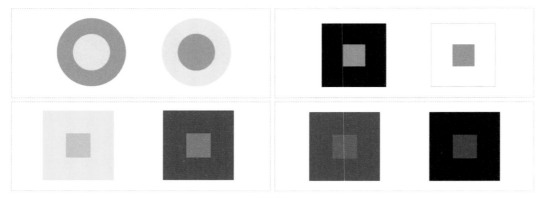

图3-73

第2点：颜色能给人一种膨胀感或收缩感。例如，深色衣服往往比浅色衣服更显瘦。

第3点：冷色与暖色会让人产生温度错觉。例如，红色、橙色等会给人一种温暖的感觉，蓝色、青色等则会让人觉得冷一些，如图3-74所示。

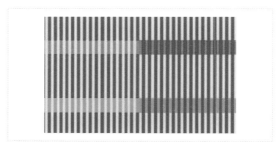

图3-74

第4点：冷色与暖色会让人产生味觉错觉，这是由人的心理联想而产生的错觉。例如，红色西瓜比黄色西瓜看起来更甜，如图3-75所示。

图3-75

第5点: 还有一些其他类型的视错觉。例如,图3-76所示的图形会让人感觉线条交叉处有黄色的点,如图3-76所示。

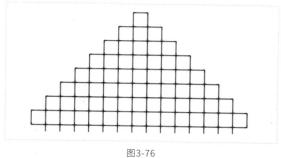

图3-76

色彩间的关系是非常复杂的,与群体(个体)心理和文化背景等因素均有关。想使用好色彩,就要做到"始于理论,终于直觉"。例如,红色与蓝色作为一组撞色,有着极强的张力与刺激感,红色代表了激情与力量,蓝色代表了理性与科技;红色是有着刺激感、行动力和破坏性的颜色,而蓝色则是融合、稳健的颜色。

红色与黄色能很好地体现出我国的文化底蕴,如图3-77所示。

图3-77

色彩与个体的关联可以从京剧脸谱中学习,如图3-78所示。《唱脸谱》中有这样一段:"蓝脸的窦尔敦盗御马,红脸的关公战长沙,黄脸的典韦,白脸的曹操,黑脸的张飞叫喳喳!"这段歌词把人物的个性色彩表现得淋漓尽致。由此可见,古人已经擅长将色彩作为视觉语言用于舞台表现了。

图3-78

蓝色脸谱是刚猛、忠直并富有反抗精神的象征，如图3-79所示。窦尔敦刚勇正直且好打抱不平，故蓝色脸谱与之相符。

红色脸谱是忠贞、英勇、豪气的象征，如图3-80所示。红脸的关公是人们熟悉的形象之一，他侠肝义胆、勇猛超群，可用红色脸谱。

图3-79　　　　　　　　　　　　　　　图3-80

黄色脸谱代表骁勇、刚猛而暴躁的个性，如图3-81所示。曹操的猛将典韦勇猛无比但性格暴躁，可用黄色脸谱。

图3-81

白色脸谱是一种不阳光的个性象征，代表阴险奸诈、刚愎自用的性格特点，如图3-82所示。曹操在民间素有"奸雄"之称，用白色脸谱恰当。

黑色脸谱是直爽、刚毅、勇猛而严肃的象征，如图3-83所示。民间流传的"黑张飞"形象与之匹配。

图3-82　　　　　　　　　　　　　　　图3-83

3.1.5 针对性色彩感知练习及配色游戏

想提高对色彩的感知能力，除了可以通过前面提到的绘画来提高，还可以通过以下两种方法来提高。

第1种：调色练习，即通过为一个颜色添加白色、黑色和灰色，来调出细腻而存在递进关系的颜色，如图3-84所示。

图3-84

第2种：配色小游戏。有多款配色游戏可供选择。例如，Blendoku就是一款可以逐渐提高配色难度的游戏。

3.1.6 色彩数量的"心理阈值"

阈值是人对刺激的接受上限值。听觉上，人们听不到超过一定频率的声音；视觉上，人们看滚动太快的车轮时会觉得车轮并没有滚动。在心理上，人对色彩的数量也存在着一个"心理阈值"，颜色太多会让人选择性回避，如图3-85所示。

图3-85

在画面颜色较为单一的情况下，添加与之相搭配的颜色能丰富画面层次，让画面更有表达力。但添加到一定数量后画面中的颜色就会变得复杂，再添加就会显得花、乱。当感受到画面花、乱时，就代表这个画面中的颜色数量已经超过了观者的心理阈值，如图3-86所示。

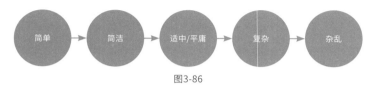

图3-86

当颜色较多时，如何调整才能在不减少颜色的情况下让画面显得美观呢？办法就是让颜色存在共性，如采用同类色搭配、同时降低多种颜色的纯度和明度等。如图3-87所示，左图中的颜色过于单调，右图在加入颜色的同时对颜色的纯度和明度都进行了同频调整。

图3-87

提示

蓝色在与其他颜色相搭配形成色彩群组时，能够起到衬托其他颜色的作用，其深沉的调性还会带来视觉稳定感，如图3-88所示。配色时加入蓝色，往往能够中和红色、黄色等颜色带来的刺激感。

图3-88

3.2 | 色彩三原则之一：色彩平衡原则

色彩三原则分别是色彩平衡原则、色彩聚焦原则和色彩同频原则。本节将详细阐述色彩平衡原则在设计中的应用，包括补色平衡、冷暖平衡、亮暗平衡、彩色与消色平衡、花色与纯色平衡、面积平衡等多种平衡方式，并通过实例阐述色彩平衡原则在设计中的具体应用方法。

3.2.1 补色平衡

互补色的反差对比强，如果不进行平衡，容易给人以撕裂感和突兀感，因此补色平衡侧重于协调视觉刺激上的平衡，如图3-89所示。

图3-89

补色平衡最常见的方法是让其中一个颜色成为主色，让另一个颜色成为辅色，让它们在面积、纯度和明度上形成主次关系，从而中和分裂感。具体操作方法有以下3个。

第1个： 加入中间色。例如，在图3-90中，将瓶身的颜色设为青色、蓝色和绿色的混合色。

图3-90

第2个： 减弱纯度对比。可将紫色的纯度减弱，参考黄色液体与瓶身的对比。

第3个： 减弱面积对比。减少其中一种色相的面积，如紫色面积大，黄色面积小。

3.2.2 冷暖平衡

如果暖调的画面中完全没有冷色，冷调的画面中完全没有暖色，那么画面会显得非常不耐看，如图3-91所示。冷暖搭配是人的一种心理需求，就像人与人之间的关系一样，太冷淡或过于热情都不是最好的状态。

图3-91

冷暖平衡的要点是根据主题确定主色的冷暖基调，辅色则用相反的基调。例如，主色为暖色，则辅色应为冷色，如图3-92所示。又例如，主色为暖调的红色、黄色和橙色时，选用冷调的蓝色和天蓝色作为辅色，可以使画面的视觉效果平衡又稳定，如图3-93所示。

图3-92

图3-93

提示

- -

冷暖关系是相对的。例如，黄色系中有偏冷的颜色也有偏暖的颜色。处理颜色关系时需要根据实际情况进行区分，如图3-94所示。

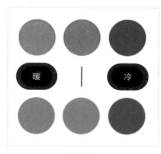

图3-94

3.2.3 亮暗平衡（深浅平衡）

　　亮暗平衡是指色彩间的明度平衡，明度是视觉作品中影响色彩视觉感受的最大因素，因为明度可以决定视觉作品的层次，明度的变化可以表达画面的结构和光影等。一个画面中都是深色会显得沉闷，都是浅色会让人感觉无重点。用深浅色拉开对比，再加上一些中间色进行过渡，这样才能让画面产生协调的视觉效果，如图3-95所示。浅色底中的深色往往用于塑造影子，增强画面的重量感；而深色底中的浅色往往用于增强画面的透气感，如图3-96所示。

图3-95　　　　　　　　　　　　　　　　　　　　　　　　图3-96

提示

- -

　　同一个色系的颜色在进行搭配时因明度的不同而存在着亮暗平衡。

3.2.4 彩色与消色平衡

　　彩色与消色（无彩色）的平衡本质上是视觉作品丰富性和单调性的平衡，如图3-97所示。黑白灰3色突出了画面中的主体和层次感，使整个画面更丰满，如图3-98所示。调和强色差配色的有效办法是在画面中加入黑色、白色和灰色等消色。

图3-97　　　　　　　　　　　　　　　　　　　　图3-98

3.2.5 花色与纯色平衡

花色是指由多种有明显色差的色相组成的色彩群组。有时候不能将画面中某个对象简单说成是一种什么颜色，一张照片里的颜色可能有上百种，只能根据照片的主导颜色把照片看作一个色彩群组，如图3-99所示。花色会让画面很丰富，有时候这种丰富是素材自带的，如照片，有时候这种丰富是为了完成画面而有意塑造的。不管是哪一种情况，都需要注意花色缺少稳定性，应与纯色搭配才能达到比较协调的效果。

图3-99

3.2.6 面积平衡

色块的面积平衡在排版中是极为重要的平衡手法，面积平衡服务于版面的排版。色彩设计中一种色彩面积大，另一种色彩面积小，这也是一种平衡。色块的面积大小分布合理，会使色彩设计有层次感、节奏感和画面感；反之画面会显得乏味、不聚焦。每种色彩的面积大小不一却有平衡感，会让画面显得有节奏感和趣味性，如图3-100所示。

图3-100

实例：色彩平衡原则的运用

接下来通过一个实例介绍色彩平衡原则在设计中的具体应用方法，在练习过程中，本实例单纯从视觉构成的维度进行排版、配色、造型。

01 使用Illustrator新建一个A3尺寸的文档，将画面分为4份，为右上和左下的两个色块填充颜色，其余两块留白，形成填充色块与留白的对比。将两个填充色块的颜色一个改为艳丽的红色（R:220，G:34，B:26），另一个改为稳重的黑色（R:0，G:0，B:0），从而既形成对比又形成互补平衡，如图3-101所示。

02 丰富、细化画面。将两个填充色块一分为二变成两个色彩群组，加强填充色块与留白区域的繁简对比，上下两个色彩群组以对角线为轴形成了平衡，如图3-102所示。

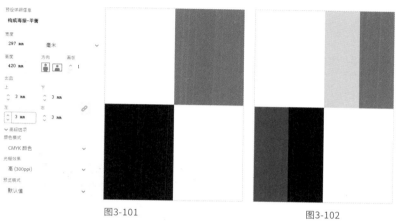

图3-101   图3-102

03 在左上与右下的空白区域填入文字，让文字以点的形式出现并支撑起白色区域的视觉效果，文字和右上、左下的两个色彩群组形成点与面的层次对比，并且文字颜色与左下的黑色呼应形成同频，如图3-103所示。

04 细分右上的色彩群组，打破其与左下的色彩群组的完全对称，形成相似对称。在右上的色块中置入大小渐变的黑色三角形，黑色三角形在与红色底色形成对比与互补的同时，与左下的黑色底色形成平衡。在左下的黑色背景中置入黄色圆形到黄色椭圆形的渐变，黄色图形在与黑色底色形成对比的同时又与左上的红色色块形成平衡。三角形与圆形在元素的形式感上也形成了对比，三角形与圆形的渐变构成又形成了同频，从而实现了平衡，如图3-104所示。

05 在右上与左下的两个空余色块中分别置入渐变矩形和渐变菱形，这样既形成了色彩与造型的对比，又因构成方式类似而形成了平衡，如图3-105所示。

这个构成海报已经有了丰富的视觉语言，变得更加耐看。该实例演示了色彩平衡原则的应用方法，平衡与对比是同时存在的，可以说只有存在对比时才能使用平衡法则。

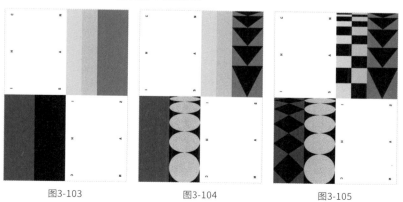

图3-103   图3-104   图3-105

3.3 | 色彩三原则之二：色彩聚焦原则

聚焦的实现方式是对比，一般通过色彩对比吸引观者的注意力，从而有效地传达信息。任何一个作品都包含了创作者的想法和想传达的信息，可能是一个或若干个信息，各信息层和各信息的聚焦点决定了画面中的层次。这些层次存在着一定规律，通过色彩进行视线的引导就是聚焦原则要研究的方向。本节将阐述聚焦色与融合色、视线引导与两类对焦、主色与主体的关系、画面分层与聚焦等，以引导学习者理解色彩聚焦原则的应用技巧。

3.3.1 聚焦色与融合色

聚焦色是为了表现重点信息而设置的颜色，其实现聚焦的方法是和周围颜色形成强烈对比。例如，在色温上比周围颜色暖，在明暗上比周围颜色亮或暗，以示强调。图3-106所示的彩色与无彩色搭配，金色作为彩色比周围的深灰色有着更强的明度，形成了明度与彩度的对比，突出了主题，并实现了聚焦。

图3-106

图3-107所示的作品中，红色与黄色作为暖色，与底层的蓝色形成对比，既突出了主题又实现了聚焦；蓝色与粉色则起到融合色调和统一画面的作用。

图3-107

花色与纯色的对比也会形成强烈反差，从而实现聚焦。例如，图3-108所示人物照片的聚焦色是以花色为主导的色彩群组，融合色为紫色、黑色与白色等纯色，能够有效地聚焦视线。

图3-108

如果视觉作品信息的层次丰富，聚焦点也会形成层次，从而在引导视线的过程中形成顺序。例如，在图3-109中，光照下的场景无疑更能吸引视线，因此是画面中的第1个聚焦点，下方文字则是第2个聚焦点。第1个层级的聚焦色是以红黄色为主导的色彩群组，第2个层级的聚焦色为咖金色，画面的融合色是深灰色。

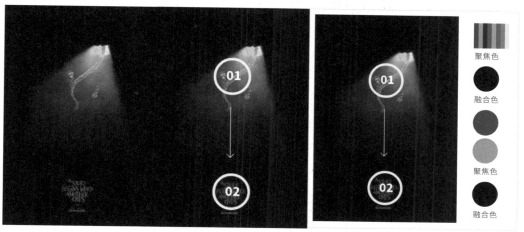

图3-109

当然，画面聚焦层级的形成并不只受颜色搭配的影响，元素的趣味性、面积大小、虚实、清晰度和复杂程度都会影响层级的形成。例如，在图3-110中，人物是冷色的，而画面其他区域是红色的，人物跳跃的动作充满趣味性，自然成为第1个聚焦点；第2个聚焦点则是黄色文字，因位置最高，颜色明度的对比明显；第3个聚焦点是底部的台子。

图3-110

3.3.2　增强聚焦的应用

前面说到不仅可以通过色彩搭配实现视线聚焦，还可以通过形状、面积大小等因素来实现聚焦。当一个画面中出现多种聚焦的方式叠加在某一个对象上时，可以把这种情况称为"增强聚焦"。增强聚焦通常在画面通过单一的色彩聚焦后效果不理想的情况下采用。例如，图3-111中的"2"在画面中的面积最大，自然成为第1个视线焦点。

但是画面中没有彩色而略显苍白无力，为了增强聚焦，为数字"2"添加蓝色，效果如图3-112所示。

图3-111　　　　　　　　　图3-112

为了让数字"2"这个视线焦点有细节，再次增强聚焦，为"2"中的部分条纹添加由紫红色到白色的渐变，效果如图3-113所示。

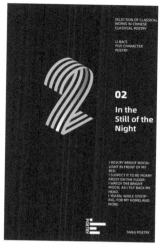

图3-113

逐渐提高元素视觉度的过程就是增强聚焦的过程，这种应用非常频繁，如图3-114所示。

图3-114

3.3.3　视线引导与两类对焦

聚焦是为了形成视线的焦点，配合用户的视觉习惯（从左往右、从上往下阅读）将视线焦点根据强度由高到低连接起来可实现视线引导，视线引导的过程是人眼在视线焦点上流动的过程。该流动的过程可以分为两类：一类被称为"逐层聚焦"，另一类被称为"顺序聚焦"。

● 逐层聚焦

逐层聚焦是从整体到局部、从四周向中间、从前一层次到后一层次的聚焦过程。例如，在图3-115所示的界面中，观者首先会把视线聚焦在黄色区域，这是第1层聚焦；然后聚焦到黄色区域的手机上，这是第2层聚焦；接着聚焦到手机的黑色和白色文字上，这是第3层聚焦；最后聚焦到"986"文字上，这是第4层聚焦。

图3-115

● 顺序聚焦

顺序聚焦则是根据视线焦点的强弱层次及阅读顺序移动视线的过程。例如，在图3-116所示的网站页面中，观者会先在页面左上方寻找第1层聚焦，寻找到第1层聚焦后往右下方移动视线，这时就会捕捉到穿红色服装的人物，并将其作为第2层聚焦；再寻找到底部左侧的深色服装，将其作为第3层聚焦，这个过程就是一个典型的顺序聚焦过程。

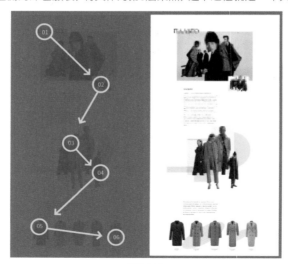

图3-116

3.3.4 主色与主体的关系

　　主色并不一定在主体上。例如,在图3-117中,主体是人物,而主色则是背景中的灰色。主色有时候需要和主体的颜色形成对比(明度对比、纯度对比、色相对比),有时候需要在复杂度等层面上进行对比,从而烘托主体。

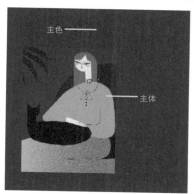

图3-117

　　在主色和主体直接进行对比后,若效果不好,则要学会变通。例如,图3-118所示海报的主体是人物与瓶形的轮廓空间,如果只是展现人物,则不能和主色(房子的赭灰色)形成鲜明的对比,从而无法实现充分聚焦,因此需要为瓶形空间填充以绿色为主导色的色彩群组。

图3-118

3.3.5 画面分层与聚焦

　　画面中用于传递信息的元素可以分为图、文两种,其中,图传递形象,文字传递详细信息。除此之外,还有一些图形、装饰文字和色彩群组,它们可以形成形式感与色彩感,从而营造氛围。因此可以将视觉作品分为"信息层"和"感知层",信息层是画面的主体,要求通过较为强烈的视觉对比来实现聚焦;感知层起辅助作用,其视觉度要低于信息层。

例如，图3-119所示的植物和油漆文字是信息层，背景中的木纹则是感知层，观者首先聚焦到刷子的"鬃毛"（植物）部分，这是因其视觉对比更强，然后聚焦到油漆文字上，接着再聚焦到右下角的文字上，最后才会注意到木纹部分。这个流程从本质上阐述了在设计中处理主体内容（图文）与背景和辅助图文的关系的方法。

图3-119

实例：色彩聚焦原则的运用

接下来通过一个实例演示聚焦原则在设计中的具体应用。本案例的作品是一张创意户外广告，广告语为"LIGHTS UP FOR YOU ALL THE WAY"（一路为你点亮），要求使用Logo与广告语中的光来表现主题。

01 使用Photoshop新建一个"宽度"为690像素，"高度"为960像素的文档。由于Logo是黄色的，为了拉开色差，需设置"背景色"为深蓝色（R:5，G:8，B:39），设置背景图层的名称为"bg"，如图3-120所示。

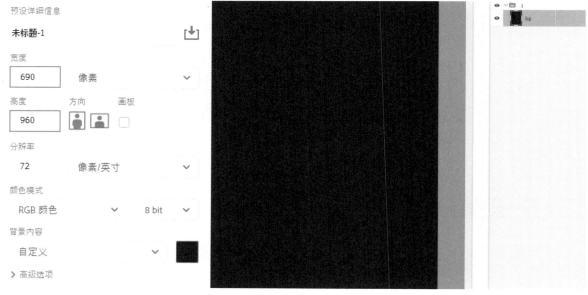

图3-120

02 置入两个倒V形图形，将它们作为画面中的光，如图3-121所示。黄色与蓝色可产生色相对比与明度对比，从而实现聚焦。

图3-121

03 由于Logo是对称的，把黄色Logo作为光束很难让人看懂，因此需要塑造一个更加容易被人理解的元素来帮助表达画面主题，此处置入"路灯.psd"，效果如图3-122所示。对称的路灯只需要制作一个，另一个通过复制和翻转即可得到，灯杆采用浅蓝紫色表现，与背景色形成适中的明度对比，灯杆与黄色Logo的对比弱于Logo与背景色的对比，因此Logo是第1层聚焦，灯杆是第2层聚焦，如图3-123所示。

图3-122

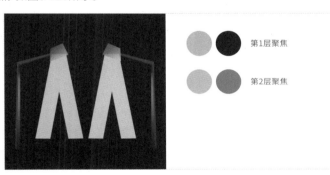

图3-123

04 加入文字"LIGHTS UP FOR YOU ALL THE WAY"，设置文字的"颜色"为白色（R:255，G:255，B:255），因为文字的面积小，其对比效果弱于第1层聚焦和第2层聚焦，所以文字为第3层聚焦，如图3-124所示。

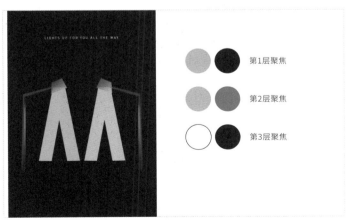

图3-124

05 至此，画面中3个层次的聚焦已经实现，也能够让观者根据图文提示明白海报想表达的意思。此时画面还有些生硬和单薄，需要进行调和与过渡。首先处理Logo与背景的融合关系，为Logo创建剪贴蒙版，使Logo底部与背景色渐变融合，效果如图3-125所示。

06 在路灯中间绘制斑马线，以丰富画面层次，并利用斑马线因透视形成的倾斜感来打破画面的呆板感，效果如图3-126所示。为斑马线制作剪贴蒙版，使斑马线与背景融合，注意中间的斑马线要比两边的斑马线对比强烈，效果如图3-127所示。

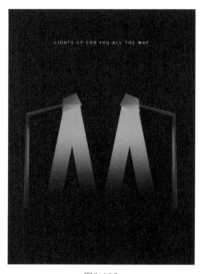

图3-125

图3-126

图3-127

07 为了不让斑马线左右完全一致，需要将所有的斑马线图层打包为组，并在该组上层新建一个图层，将其设置为该组的剪贴蒙版，吸取斑马线上较暗的颜色后在剪贴蒙版中涂抹，如图3-128所示。

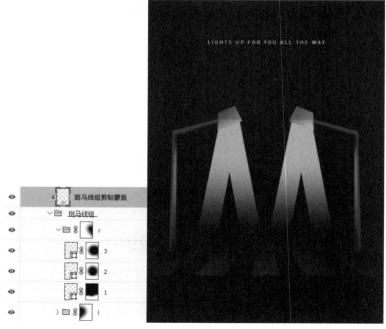

图3-128

08 为了融合路灯与背景，可以为左右两个路灯绘制影子，效果如图3-129所示。为路灯添加剪贴蒙版，进一步强化渐变的光影效果，以丰富画面层次，效果如图3-130所示。

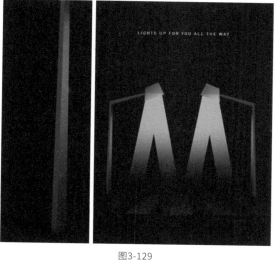

图3-129

图3-130

09 新建一个图层并设置其"混合模式"为"正片叠底"，吸取画面中的颜色，用柔边画笔压暗其左右两侧。再新建一个图层并设置其"混合模式"为"滤色"，吸取画面中的颜色并调亮，用柔边圆笔刷增强中间色调的亮度。重复此操作，塑造出光感，同时丰富背景，效果如图3-131所示。

10 按快捷键Ctrl＋Shift＋Alt＋E盖印图层，使用Camera Raw滤镜调色，效果如图3-132所示。

　　该实例使用聚焦原则强化了画面中Logo与背景、路灯与背景、路灯与Logo 3个层次的表现，在实现聚焦后使用增加过渡层的方式来融合元素与背景。

图3-131

图3-132

3.4 | 色彩三原则之三：色彩同频原则

色彩同频是管理视觉作品色彩的一种方法，可以让画面产生秩序美，并拥有协调的色调。色彩同频就是让画面中的颜色存在共性，如重复色、近似色或互相包含的灰色调。同频与色彩聚焦相反，色彩聚焦是在"同中求异"，而色彩同频是在"异中求同"，平衡原则的本质是同频原则与聚焦原则的和。本节将介绍各种类型的色彩同频、色彩层次管理及色彩同频管理工具的应用等，可帮助学习者在设计中有效运用色彩同频原则。

3.4.1 同频管理

在图3-133所示的海报中，黄色和深灰色的应用就是典型的色彩同频原则的应用。顶部文字与底部文字都采用黄色，既有变化（满足差异美需求）又形成呼应（形成秩序感），让画面中的元素更融合，也就是人们常说的"入调"。人物的头发、足球、裤子的颜色和球鞋的深灰色形成呼应，与浅色的肤色形成对比，同时让画面具有秩序感。

图3-133

● 色彩的同频

色彩同频的类型有很多种，常见的有色相的同频、纯度的同频、明度的同频和色彩复杂度的同频等。色彩同频一般与平面构成中的重复同时出现在某一组对象上。色彩同频的目的与重复的目的类似，都是为了得到具有秩序美感的视觉效果。例如，在图3-134中，重复的文字信息运用了同一种颜色，且作为画面的背景丰富了画面细节，同时起到了塑造画面秩序美的作用。

图3-134

色彩的同频不仅可以存在于某个单一的画面中，还可以存在于系列作品中。例如，在图3-135中，除版式、表现手法和样式同频外，使用的纯色（紫色、青色等）的纯度也非常接近，从而强化了两张作品的同频效果，让人一眼就能看出它们是一个系列的作品。

图3-135

● 色相的同频

在图3-136中，绿色应用在Logo、主题文字的关键字、App的按钮和地点标注中，因此绿色在画面中作为聚焦色存在。为了不让聚焦色显得突兀，此作品中使用了同一色相的多种绿色，形成了色相的同频。

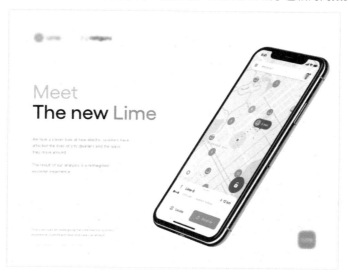

图3-136

纯度的同频

虽然孟菲斯风格的色彩搭配充满了跳跃性，但它并不会显得"花"，如图3-137所示。其配色原则就是不使用极端色，且不使用最亮、最艳的颜色进行搭配，而是把多种要进行搭配的颜色进行降低纯度的处理，使它们纯度相近。

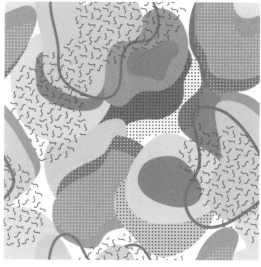

图3-137

明度的同频

在图3-138中，颜色最深的是背景，较亮的是App上的卡片式色块，最亮的是图标和按钮等对象。由此可知，同一层级的元素保持明度的同频可使画面显得井然有序。

图3-138

色彩复杂度的同频

在图3-139所示的画面中，除了有明度和纯度的同频，还有色彩复杂度的同频。画面中的每一个产品基本都是由两个色彩群组构成的，口红是由金色群组和红色群组构成的，右下角的产品是由金色群组与黄色群组构成的，而左下角的产品则是由金色群组与蓝色群组构成的。

图3-139

3.4.2　色相同频管理

　　来看一张插画作品，原图中的颜色种类极多，使用Illustrator的图像描摹功能对其进行处理后分别生成了6色和16色稿，效果如图3-140所示。选择"吸管工具" ✐，将16色稿中的颜色单独提取出来并有序排列，如图3-141所示。

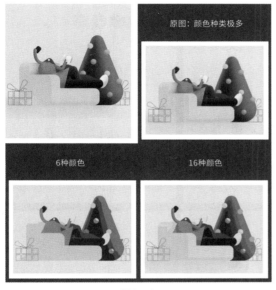

图3-140

图3-141

　　这时可以发现存在3个色彩群组，分别是黄色色彩群组、绿色色彩群组和蓝色色彩群组。虽然原图中有上万种颜色，但是这些颜色都隶属于这3个色彩群组，每种颜色根据空间位置的不同只有细微的变化。例如，插画中绿色的树根据受光度不同而产生了绿色的过渡变化。

　　如果视觉作品中色彩的层次变化很少，则其丰富度不够，并且不能协调地衔接、过渡色彩，从而让人感觉突兀、不入调，所谓的"调"，其本质就是同频。因此好的视觉作品能够很好地平衡画面的丰富度并统一画面的色调，既能保留丰富的细节，又能恰到好处地衔接每一个细节与整体。图3-142所示的作品就是一个很好的例子。

图3-142

除了可以在单幅作品中进行色彩的同频管理，在系列作品中也可以进行色彩的同频管理。例如，在图3-143所示的两张插画中，可以自然地感觉到它们是一组设计，这不仅是因为画面内容存在延续性，还因为这两张插画中采用的蓝色、红色同频，色彩群组的复杂度也同频，色彩的纯度同样同频，如图3-144所示。

图3-143

图3-144

除此之外，色彩的冷暖也需要进行同频管理。例如，在图3-145所示的赛博朋克风格的海报中，亮部与暗部色彩存在同频的规律。

图3-145

3.4.3 两类色彩同频管理

在设计作品中，同频与聚焦是一组贯穿始终的、矛盾的视觉效果，大量的色彩通过形成色彩群组的方式来实现同频和聚焦，形成同频是为了方便聚焦，从而形成视线焦点。例如，图3-146所示App界面的背景色是有3个层次的灰色同频色，同频色起到了融合画面、烘托主题的作用，产品、文字和按钮的颜色则是聚焦色，这两组色彩的搭配将视觉层次很好地拉开了。可以看到黄色按钮出现了不止一次，椅背的颜色与凳脚的颜色相呼应，黑色文字以不同的大小和字体出现，这体现了聚焦色的同频。因此，从画面表现的角度出发，可以把色彩同频管理分为两类：一类是聚焦色的同频管理，另一类是融合色的同频管理。

图3-146

3.4.4　色彩层次管理

前面阐述了一个画面往往由聚焦色彩群组和融合色彩群组构成。这两个色彩群组都存在同频的运用，复杂的色彩关系则有可能在融合色里又细分出多个层次，在聚焦色里也细分出多个层次，层次越复杂的画面颜色关系越丰富。在色彩协调、统一的前提下，层次越丰富的画面看起来越饱满、越有细节。

在分析一个有着丰富、复杂色彩层次的画面时，要始终保持从整体到局部逐层深入的习惯，只有这样才能保持较为清晰的思路。例如，在图3-147中，蓝色是画面中的绝对主导色，画面中除蓝色外还有黑色、白色和橙色等，画面中的橙色与青蓝色形成了冷暖对比与色相对比，同时又作为聚焦色位于画面中央，作为画面的视觉中心，属于画面的第1层级。虽然手机的视觉度比电动车要低一个档次，但是其明度对比（黑白）与色差强于背景，故其属于第2层级。文字虽然简洁，但是与背景的明度差较大，属于画面的第3层级。背景属于第4层级。可以看到蓝色是4个层级中都存在的颜色，蓝色是画面中的融合色，背景中的蓝色层次最多，因此其融合效果最明显。

色彩不是独立存在的，正如物体暗部应该用深色，物体亮部应该用浅色一样，色彩的设置应该围绕具体内容进行，与版式构成相辅相成，两者共同表现内容。不仅色彩存在着层次管理，版式构成也存在着层次管理，色彩的层次管理与版式构成的层次管理是一个整体，需要同步进行。例如，在图3-148所示的作品中，绿色与背景色形成对比，绿色成为聚焦色；灰色与背景色则是融合色，灰色文字部分是比较重要的信息。

图3-147

图3-148

3.4.5 色彩同频管理工具

本小节通过实例讲解Illustrator和Photoshop中可以用来进行色彩同频管理的工具，此工具可以帮助学习者快速制作出多种配色效果。

实例：色彩同频管理

在"重新着色图稿"对话框中可以快速找到当前设计作品中使用的颜色，利用"新建"命令可以快速替换设计作品中的颜色。

01 使用Illustrator打开"素材文件＞CH03＞实例：色彩同频管理.ai"，如图3-149所示。

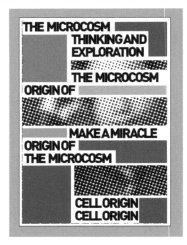

图3-149

02 使用"画板工具"🗋复制该画板，效果如图3-150所示。选中画板中需要修改颜色的所有对象，执行"编辑＞编辑颜色＞重新着色图稿"菜单命令，效果如图3-151所示。

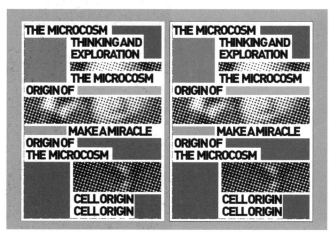

图3-150

图3-151

03 在弹出的对话框中单击"高级选项"按钮，在弹出的"重新着色图稿"对话框中可以看到左侧的"当前颜色"色条，在色条右侧的"新建"栏中编辑颜色，可以替换画板中对应的颜色，如图3-152所示。对红色进行编辑，可以发现文件中的红色被替换成了绿色，如图3-153所示。

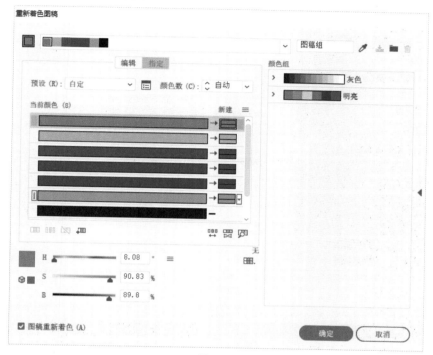

图3-152

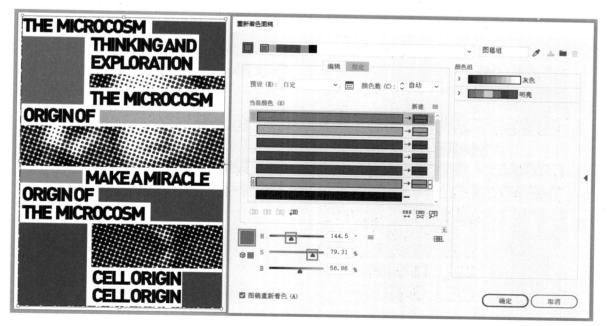

图3-153

04 对想更改的颜色都进行替换，替换后的效果如图3-154所示。这样就得到了一个拥有全新配色的设计作品，如图3-155所示。

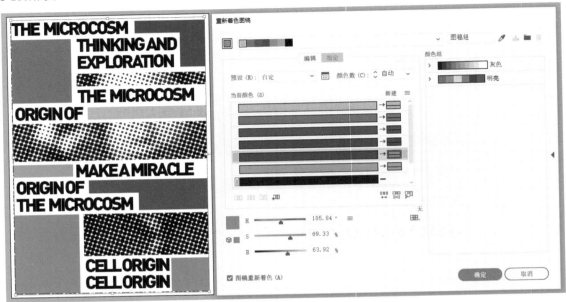

图3-154

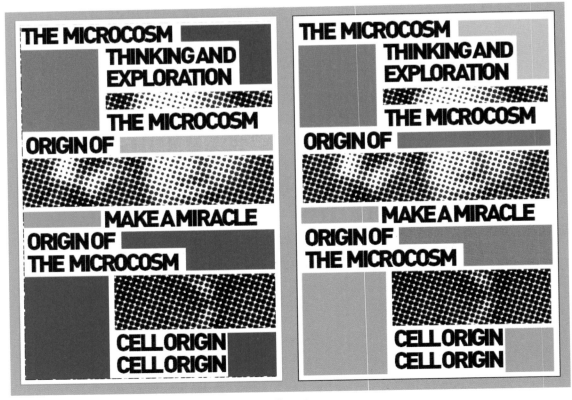

图3-155

实例：制作色彩同频海报

　　构成海报本身就是一个有趣的过程，在懂得了视觉构成原理的前提下，多进行这样的练习无疑可以提高设计师的设计直觉。

01 使用Illustrator打开"素材文件＞CH03＞实例：制作色彩同频海报.ai"，如图3-156所示。在画面右侧创建一个蓝色矩形，其宽度与页面宽度的比例接近黄金比例，即1（页面宽）：0.618（矩形宽），效果如图3-157所示。

图3-156

图3-157

02 把矩形分割为两份，并把上半部分分割为4份。为其中的3个色块填充可与下方蓝色形成弱色差对比的深蓝色、绿色和紫色，其目的是与下方蓝色一起形成主色调，并成为画面中的融合色。剩余色块的颜色则选择可与下方蓝色形成强色差对比的黄色，该黄色色块能起到聚焦的作用，同时可以弥补暗色的缺点，让画面具有透气感，效果如图3-158所示。

03 细分右上方的方块为4份，为4个小方块依次填充3个融合色，1个聚焦色。至此，画面中的融合色呈现出有层次的同频效果，聚焦色也呈现出有层次的同频效果。同时画面中的矩形是成比例的，这从形式上来说也是一种同频，效果如图3-159所示。

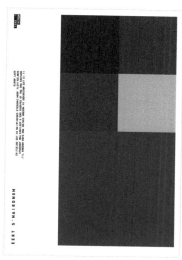

图3-158

图3-159

04 此时加入圆形并将其叠压在矩形上，这样可以形成曲直的对比；将圆形设置为红色，与画面中的蓝色形成强对比，增强画面的视觉张力。这时如果没有同频色和同频形状，红色圆形便会显得突兀，因此对上方矩形的形状与颜色进行调整，与圆形同频，从而形成平衡感，效果如图3-160所示。

05 添加更多层次的圆形，使其与矩形同频，颜色上与矩形的绿色、黄色、粉红色和蓝色等同频。但是需要特别注意的是，不要让两个颜色完全一致的色块相邻，因为这样会让画面失去对比，从而失去层次感，效果如图3-161所示。

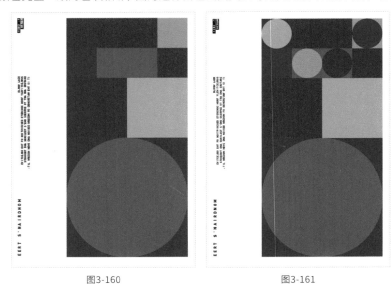

图3-160   图3-161

06 画面有了曲直对比，但是圆形与矩形都是面元素，如果想获得更强的视觉张力，则需要加入线元素，效果如图3-162所示。增加的线元素明显增强了画面的视觉丰富度，但线元素不发生重复便会显得突兀。

07 对线元素进行同频的复制与调整，需要注意，不要让画面中有完全相同的两条线，因为这样会削弱画面的层次感，使画面显得呆板，效果如图3-163所示。

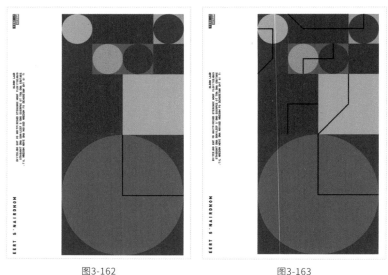

图3-162   图3-163

实例：用色彩矩阵生成过渡色

可以使用色彩矩阵生成过渡色。

01 使用Illustrator打开"素材文件＞CH03＞实例：用色彩矩阵生成过渡色.ai"文件，画面效果如图3-164所示。

图3-164

02 绘制4个颜色分别为蓝色与黄色的近似色的矩形，并将它们摆放在画面四角处，效果如图3-165所示。选择"混合工具"，分别单击上方两个色块，形成混合色块，效果如图3-166所示。

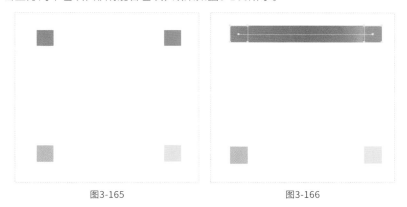

图3-165   图3-166

03 双击"混合工具"，在弹出的"混合选项"对话框中设置"间距"为"指定的步数""3"，勾选"预览"选项，如图3-167所示。

04 选择"混合工具"，分别单击左上的色块和左下的色块，左下的色块和右下的色块，右上的色块和右下的色块，并进行与上一步相同的操作，如图3-168所示。

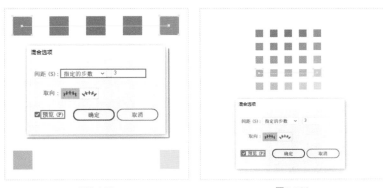

图3-167   图3-168

05 选中所有色块后执行"对象＞扩展"菜单命令，在弹出的"扩展"对话框中勾选"对象"选项和"填充"选项，单击"确定"按钮，如图3-169所示。

图3-169

06 选中所有色块后单击鼠标右键，在弹出的快捷菜单中执行"取消编组"命令，选择"混合工具" ，单击最左侧的色块和最右侧的色块即可形成混合，如图3-170所示。

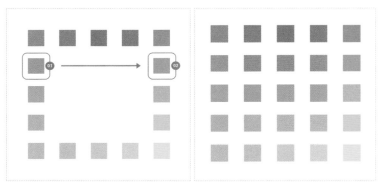

图3-170

07 选中所有色块后执行"对象＞扩展"菜单命令，在弹出的"扩展"对话框中勾选"对象"选项和"填充"选项，单击"确定"按钮，完成扩展，如图3-171所示。

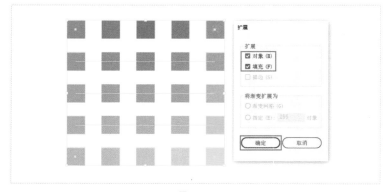

图3-171

08 选中所有色块后单击鼠标右键，在弹出的快捷菜单中执行"取消编组"命令，依次把色彩矩阵中的颜色赋予插画中的各个部分，使用不同的青色为车身上色等，用黄色线条装饰车窗部分，效果如图3-172所示。

图3-172

09 使用暖色为冰激凌、遮阳棚和瓶子等上色，将树的颜色调浅，效果如图3-173所示。使用绿色为树上色，至此完成使用矩阵生成过渡色并为插画赋予颜色的过程，效果如图3-174所示。

图3-173

图3-174

实例：调节突兀的颜色过渡

　　处理具有同一固有色对象的亮部或暗部、高光位置或反光位置时，既要做到让颜色有所不同，同时又不能把色差拉得过大，过大则会让人觉得突兀，看上去不像是同一物体的色彩。

01 用Photoshop打开"素材文件＞CH03＞实例：调节突兀的颜色过渡.psd"，可以看到渐变条左侧的颜色与中间、右侧的颜色过渡不协调，如图3-175所示。

02 在"图层"面板中双击渐变条的"渐变叠加"样式，对其进行编辑，微调渐变条左侧颜色时需要先打开"拾色器"对话框，吸取中间区域的颜色，然后在"拾色器"对话框的色彩面板中向右下方微移拾取颜色对应的圆形，微移时使新拾取颜色对应的圆形与原拾取颜色对应的圆形相切，如图3-176所示。

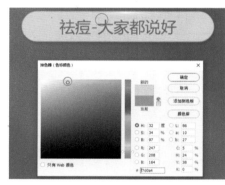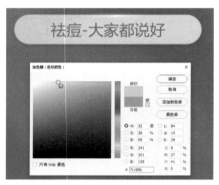

图3-175　　　　　　　　　　　　　　　　图3-176

03 这样微调的好处是可以使画面的颜色变化不会过于突兀，容易衔接。如果色差不够，可以再次拾色，新拾取颜色对应的圆形要与上一次拾取颜色对应的圆形相切，这样以圆形为单位进行移动可以让色彩的调整更有秩序，效果如图3-177所示。反复调整后可以发现这个小技巧其实非常有用，调整前后的对比效果如图3-178所示。

图3-177

图3-178

第 4 章

随类赋彩：给"积木"以颜色

第 3 章系统地阐述了配色的基本原理和原则，本章将阐述配色的步骤、方法及可以借助的工具等。设计师在实际应用中常凭借敏锐的专业直觉来组织色彩。专业直觉的形成需要对应方法、步骤及工具的支撑，初学者的原始直觉必须经过反复的专业训练才能转化为专业直觉。

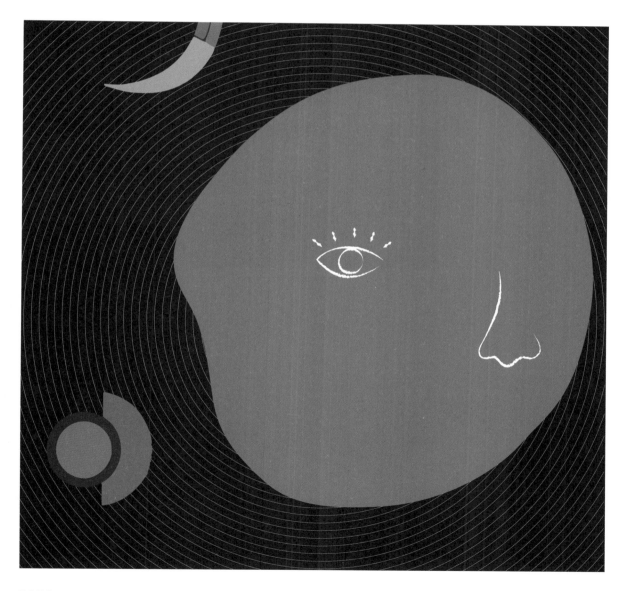

4.1 | 配色 四步骤

配色的过程可以分为定色调、定色差、随类赋彩和微调细节4个步骤，设计师在配色的过程中应做到有序、有理及有度。

4.1.1 定色调

色调是画面色彩的总和，是视觉作品整体的色彩调性，从色相出发可以把色调分为红色调和蓝色调等；也可以从视觉心理出发，把色调分为冷色调、暖色调、柔美的色调和压抑的色调等。

在梵·高的《自画像》与爱德华·蒙克的《呐喊》中，《自画像》用蓝灰色调把忧郁、冷峻的气质表现得淋漓尽致，《呐喊》则用黄褐色调来表现压抑、沉闷的氛围，如图4-1所示。一幅视觉作品一般会存在一个主导色调，与画面元素共同表达画面主题。

图4-1

在确定色调前，要综合考虑色调与所要表达的主题内容、所要体现的文化属性、所处的行业、所要面对的人群和应用的场景等多个维度。

主题内容对色调定位的影响：形式服务于内容，色彩表现作为视觉表现的基本形式之一也服务于内容。若要表达春意盎然的主题，可以用绿色与粉红色，因为绿色可以象征葱郁的树木，粉红色可以象征春天里盛开的花，如图4-2所示。

图4-2

文化属性对色调定位的影响：红色与黄色是我国传统文化中极具代表性的两种颜色，表现传统文化时经常使用黄色调或红色调，如图4-3所示。

图4-3

提示

　　客户可能会使用一些形容词、名词来描述他们希望设计作品具有的格调，这些词里既有直白、空洞的词语，如"高大上"、特别和"大气"等；也有一些比较具体的词语，如温馨、柔美、神秘、优雅、快乐和阳光等。使用词语来直接描述画面的调性是有必要的，但是在使用词语描述感性作品的调性时具有一定的局限性。

　　行业对色调定位的影响：不同行业的设计有着不同的功用性需求。例如，在广告设计中，设计师更倾向于使用对比较为强烈的色彩搭配，以达到快速引起注意、传达信息的目的，如图4-4所示。

　　在产品设计中常要求色彩有引导用户使用产品的作用，如图4-5所示U盘中的橙色。

图4-4

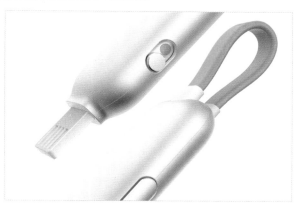

图4-5

在包装设计中，色彩既要起到体现产品价值的作用，又要起到引导用户使用产品的作用，如图4-6所示。

图4-6

在Web网页设计与App界面设计中，色彩要起到引导用户阅读和操作的作用，如图4-7所示。

图4-7

目标人群特点对色调定位的影响：儿童玩具往往使用比较鲜明、活泼的配色，而一些女性轻奢品则更倾向于使用较为高冷的色调。在电商平台的页面设计中常见的色调是红色调、紫色调，如图4-8所示，除了因为红色调与紫色调比灰色调、蓝色调等更有视觉刺激效果，另一个原因是这些电商平台的活跃用户以女性为主，而女性更喜欢红色调、紫色调。

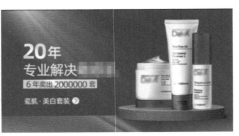

图4-8

提示

不同年龄阶段的人对色彩的喜好程度不同。例如，中年人比较喜欢明度与纯度偏低的色彩，老年人通常喜欢明度和纯度非常低的色彩。

场景对色调定位的影响：与酒吧、舞台等场景相关的设计中的色调一般是炫酷、刺激的，而与医院等场景相关的设计则要求采用可让人感到平静的色调，其中蓝色调较为常见，如图4-9所示。

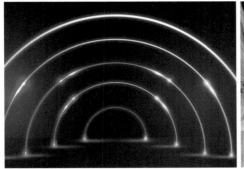

图4-9

综合考虑上述因素后再进行色调定位是设计师"成熟度"的体现，在诸多考虑中当然也会有所取舍。下面以图4-10所示的图书封面为例，演示色调定位前的思考和定调过程，并结合前面列举的影响色调定位的几个常见因素进行分析。

首先明确设计的封面要给人一种较为宁静、文艺的感觉，且要传达重要关键词并激发读者的好奇心。其所面向的读者为成人，且多为文艺爱好者，使用场景一般是比较宁静的读书场所。综合这些再来定色调就简单多了，蓝色有着含蓄与宁静的色彩性格，因此可以选择蓝色（R:5，G:43，B:119）作为主色，如图4-11所示。

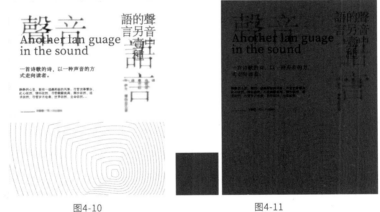

图4-10   图4-11

接下来确定主色的纯度与明度。同一色相明度与纯度的九大区间如图4-12所示。在九大色彩区间中，由于暗色调能赋予对象神秘感，将其作为底色能与文字产生色差，便于阅读，因此可以选择第9区间的深蓝色作为主导色，如图4-13所示。

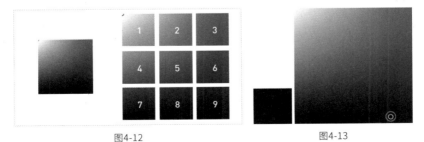

图4-12   图4-13

4.1.2 定色差

明确了主色，接下来就是确定主色与辅色的搭配，这是配色的第2个环节。这一步要明确主色与辅色的3种色差关系，第1种色差关系是明度的色差关系，第2种色差关系是色相的色差关系，第3种色差关系是纯度的色差关系。这3种色差关系都是色差越大，画面的视觉张力越强而相对难以统一；色差越小则画面的视觉张力越弱而相对容易统一。对于整体视觉度，明度差对最终画面的视觉度影响最明显，其次是色相差，最后是纯度差。

明度九调体现了剔除色阶后颜色呈现的明暗程度。深蓝色剔除色相后呈现的明度特征就是深灰色（接近黑色），如图4-14所示。

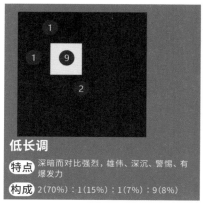
低长调
特点 深暗而对比强烈，雄伟、深沉、警惕、有爆发力
构成 2(70%)：1(15%)：1(7%)：9(8%)

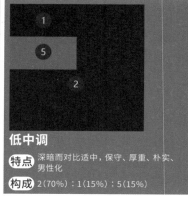
低中调
特点 深暗而对比适中，保守、厚重、朴实、男性化
构成 2(70%)：1(15%)：5(15%)

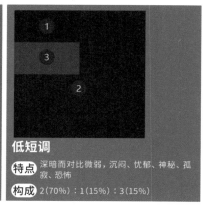
低短调
特点 深暗而对比微弱，沉闷、忧郁、神秘、孤寂、恐怖
构成 2(70%)：1(15%)：3(15%)

图4-14

明度差是影响画面视觉传达效果的重要因素，如图4-15所示，明度差大的左图显然比右图更容易让人识别信息。为了更快地传达文字信息，文字与背景的明度差应较大，因此可以选择明度色阶为"低长调"的背景色，应用到画面中的效果如图4-16所示。

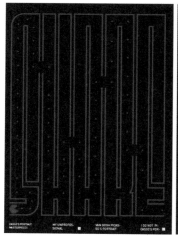

图4-15

图4-16

在画面排版中文字分为两层，由于大字作为背景文字层，因此大字与底色间的明度差要远小于上层小字与背景的明度差，如图4-17所示。

接下来确定主色与辅色的色相差，色相差就是两种颜色在色相环中相隔的度数差距，色相差越大，刺激性越强；

色相差越小，刺激性越弱。例如，图4-18所示的两个色彩方案的明度差比较接近，但显然红色与绿色搭配的这个方案更容易识别也更有视觉张力，这是因为红色与绿色的色相差较大；另一个方案是绿色的同类色搭配，色相差较小。

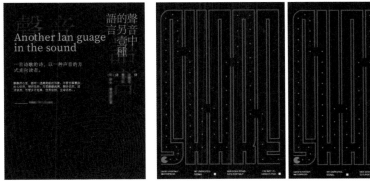

图4-17   图4-18

色相差相比其他两类色差，更利于表达画面的情绪氛围，这是由色彩的情感特征决定的，色相对比强烈的搭配表现出的画面氛围更加热烈、激昂。例如，红色与蓝色搭配的画面有着很强的力量感，黑色与白色搭配的画面则会给人一种安稳、宁静的感觉，如图4-19所示。

图4-19

但是不能认为色相差大的色彩搭配就比色相差小的色彩搭配更好，色彩搭配只有适合与不适合，没有好坏之分，有些画面就要求色相差相对较小，如要表现有纯净感、清爽感的作品，如图4-20所示。

图4-20

根据色相差的不同可以把主色与辅色的搭配分为很多种类型，如同色系搭配、近似色搭配、类似色搭配、中差色搭配、对比色搭配和中性色搭配等。回到实例中，分析图书封面主色与辅色的色相差，深蓝色作为主色，搭配偏暖的黄色（辅色），色相差比较大，易于识别的同时产生了冷暖对比，为了中和这种对比，可以用紫色进行过渡，紫色的稀缺感与深蓝色的背景能共同营造深邃、神秘的色彩效果，如图4-21所示。

图4-21

按照一定的颜色配比将紫色应用到画面中，效果如图4-22所示。明确画面主色与辅色的色相差后还需要明确纯度差，目前画面的效果属于"纯度九调"中的"中中调"，如图4-23所示。但是画面中黄色文字的纯度过高，因此需将其纯度适当降低，效果如图4-24所示。进行纯度调整后就完成了配色的第2个步骤，效果如图4-25所示。

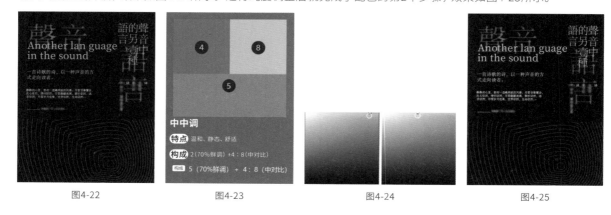

图4-22   图4-23   图4-24   图4-25

进行色彩搭配时有两个非常有用的方法：第1个方法是使用"印象表"确定色调与色彩搭配，第2个方法则是使用软件"颜色"面板中的数值判断色差，再根据色差调整画面的视觉层次。

• 印象表

前面提到用词语描述感性的作品的调性存在局限性，为了弥补这一点，可以做一个印象表。用图示描述作品调性既能帮助设计者厘清思绪，也方便设计者与团队成员或客户进行直观、有效的沟通。

构建印象表的步骤如下。首先列举出可描述作品调性的一些标签，如暖、轻和鲜等；然后确定与每个标签含义相对的标签，并把这些含义相对的标签放在一起，整理完成后在它们之间绘制有刻度的图表，如图4-26所示。

图4-26

接下来根据对作品调性的直觉和印象在每一组标签的刻度上进行标注，并将它们连接起来，如图4-27所示，可以依据图表中定位的点来思考使用什么样的色彩搭配，如图4-28所示。

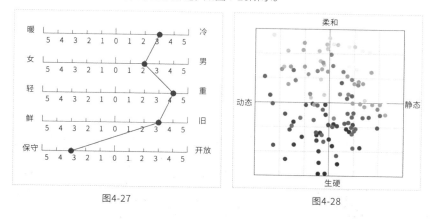

图4-27   图4-28

● "颜色"面板

使用"颜色"面板中的颜色数值来判断色差，并以此为依据调整画面的视觉层次，这种方法在画面层次调整阶段非常实用，在图书封面的明度色差调整过程中就可以使用这个方法，如图4-29所示。

通过Illustrator的"窗口"菜单打开"颜色"面板，设置"颜色模式"为"HSB"，如图4-30所示。接着选择"吸管工具" ✐ ，吸取文字的白色，得到"B"（明度）色值为"69%"，如图4-31所示。

图4-29   图4-30   图4-31

使用同样的方法吸取背景色，得到"B"色值约为"7%"，这两种颜色的明度差为62%；而颜色较深的背景文字的"B"色值约为"26%"，该背景文字与背景色的明度差为19%，如图4-32所示。这样就能得出前层文字的视觉跳跃性要远高于背景文字层的结论，其视觉层次为整个画面的第1层。

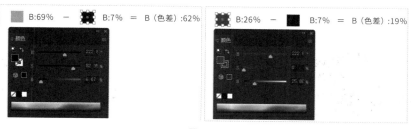

图4-32

4.1.3 随类赋彩

配色这一环节并不是单独存在的，而是作品创作过程中的一个步骤，配色过程也是构图排版的过程。根据画面的内容需要进行"随类赋彩"或"随形赋彩"操作，这期间颜色与造型不可分割，只有理解了这一点，才能在设计中真正运用好色彩。

在一张简单的产品广告图中，画面的焦点是产品，用点线面构成图来分析画面，可知背景层是其中最大的面，鞋子与红色衬底为小面，这个小面因居中且呈椭圆形而具有聚焦的作用；文字在画面中相对最小，可以认为它是画面中的点；底色由3个颜色块拼接而成，拼接处为画面中的线，线在画面中起到连接的作用，如图4-33所示。

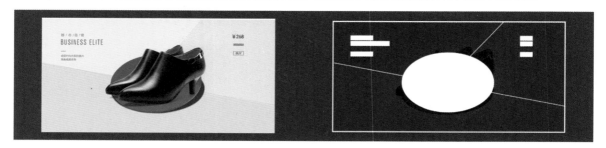

图4-33

在确定背景色为一组明度较高的马卡龙色后，要明确对象之间的明度差，这直接关系到画面的视觉层次。鞋子作为视线焦点在视觉层次上理应排在第一层，红色衬底排在第二层，背景层排最后。用鞋子上最暗颜色的明度值减去鞋子上最亮颜色的明度值可得到鞋子的明度差；以红色衬底阴影的明度值减去红色衬底亮部的明度值可得到衬底的明度差；背景色本身明度比较高，但3个背景色间的明度差非常小，因此可以用图片阐述画面中几个对象间的明度差关系，如图4-34所示。

虽然画面中最艳丽、显眼的是红色衬底，但是由于其明度差低于鞋子，面积小于鞋子且置于鞋子下层，所以其视觉层次是低于鞋子的。底色的面积虽然最大，但是由于其明度差最低且为纯色，所以综合来看底色的视觉层次相对最低，如图4-35所示。

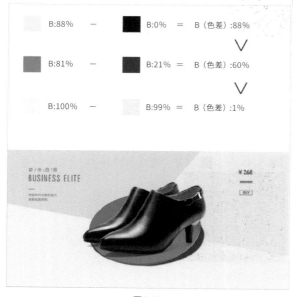

图4-34

图4-35

242

通过色值对比分析，能够更清晰地区分画面的视觉层级关系，如图4-36所示。通过分析，可以更好地理解配色和排版都是区分画面视觉层次的手法，配色与排版、造型是相辅相成的，均服务于画面的视觉效果。一位英国美学家说过："美是一种有意味的形式。"笔者认为，所谓的"形式"就是画面包括配色、排版和造型的各种关系，而"意味"是这些关系所指向的主题内容，这两者的协调、统一就是美。

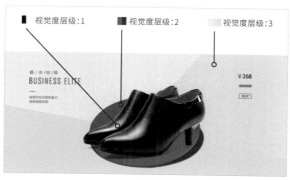

图4-36

4.1.4 微调细节

设计进程到达配色的第3个步骤时画面已经初步形成，接下来需要调整细节。对细节的优化和把控非常考验设计师的能力，很多初入行的设计师之所以缺乏调整细节的能力，是因为不具有系统分析的态度和能力。例如，在图4-37所示的海报中，画面色为沉稳的红色，黄色标签上的文字为产品卖点，就画面的视觉层次来分析是没有问题的，但是黄色标签的颜色还需要微调。

因为原稿中的黄色偏冷，所以在红色的底色中显得有些突兀，如果把物体放在暖色环境中，物体受环境色影响会变得暖一些，特别是对于一些反射属性强的对象，如金属等。由于图中黄色标签所表现的就是一种类似金属质地的视觉效果，因此可将黄色设置得偏暖一点，效果如图4-38所示。

图4-37   图4-38

大面积的背景在画面中的视觉层次固然要低一些，但使用纯色则与前层物体所营造的空间感不搭，所以需要加入光线素材。为素材添加"高斯模糊"滤镜并调色，使其色调统一，这样既丰富了画面层次，又塑造了空间关系，效果如图4-39所示。

图4-39

　　在图文排版中，微调颜色是优化细节的重要手段。在图4-40所示的图片中，左侧为一大一小两段文字，右侧为上下排列的两组装饰元素，它们所采用的颜色都是白色。把左侧小字的颜色调成带一点红色倾向的颜色，对右侧3个小点中的上下两个小点也进行颜色调整，这样的微调可以让画面有细节、更精致，效果如图4-41所示。

图4-40　　　　　　　　　　　　　　　　　　　　　　　　图4-41

　　有时候调整细节会让设计者进入纠结的状态，其本质是因为设计者捋不清画面的主次关系，不知如何取舍。例如，在图4-42所示的左侧海报中，蓝色斜条对象不论是面积还是颜色的明艳程度都高于人物对象，但是观者第一眼还是会注意到人物，这是由几个原因决定的，其一是明度差。对图片进行去色处理，效果如图4-42中的右图所示。

图4-42

可以看出人物脸部的颜色与背景色的色差最大，即从明度上来说，人物的视觉层级高于其他对象。人物对象的明度差大，并且位于画面中心，且人脸很容易成为视线焦点，因此即使斜条的面积与色彩艳丽度高于人物，但综合比较下人物的视觉层次仍比斜条略高，如图4-43所示。

图4-43

为了拉开这种层次关系，把斜条的蓝色调整为偏暖的由紫红色到紫色的渐变，加入一个明度与纯度都高于斜条的色彩群组对象（人物头部左上方的信息组）。这一调整有两个作用：一个作用是形成了画面色调的冷暖对比，从而让画面更耐看，另一个作用是降低了斜条的明度，提高了人物区域整体的明度与纯度。完成后的效果如图4-44所示。

图4-44

从排版上考虑，要让画面背景与主体的区分更明朗，可以加入亮色矩形线框，并使其与人物形成嵌接组合的关系，效果如图4-45所示。矩形线框的加入还能在点线面的构成上起到连接画面中各对象的作用，使画面更完整。

图4-45

视觉关系是微妙的，最终只能根据敏锐的直觉来处理它，但是这种直觉一定是以专业的理论分析为支撑的专业直觉，而不是盲目、无依据的原始直觉，在错综复杂的视觉关系里要用辩证的方法进行分析，要区分出主要矛盾与次要矛盾，并做出取舍，这种科学分析的态度是支撑设计师形成专业直觉的基础。

4.2 | 配色方法

　　本节主要阐述设计中的配色方法，虽然这些配色方法容易理解和使用，但是生搬硬套这些方法将做不到融会贯通和灵活应变，因此希望学习者在理解配色原理、原则的基础上灵活运用这些配色方法。配色原理、原则与配色方法的关系类似树根与枝叶的关系，正如树木的枝叶是基于树根提供的营养而长出来的一样，配色方法也是前人基于配色原理、原则在实际工作中总结出来的。

4.2.1 黄金色彩搭配比例与5色搭配

　　古语说的"五色令人目盲"并不是指5种颜色会让人眼睛失明，而是阐述了多种颜色不分主次地并列铺陈会让人产生花而混乱的体验。一个常见的配色难题就是把握不好画面色彩搭配的比例关系，黄金色彩搭配比例正是为解决这一问题而总结出的经验。下面通过图4-46所示的图片来阐述什么是黄金色彩搭配比例。

图4-46

　　即使是一张普通的图片，也可以提炼出色彩并将其应用到其他设计中。使用Photoshop为图片添加"马赛克"滤镜，得到色块构成效果图，如图4-47所示。对画面的色彩进行概括，可以概括出3种颜色，根据这3种颜色在画面中的面积占比可以制作色彩比例图，如图4-48所示。

图4-47　　　　　　　　　　　　　　　　　　　图4-48

主色为绿色，辅色为灰色，点缀色为桃红色，这3种颜色分别以70%、25%和5%的比例构成画面，这种比例关系既有主次之分又有层次变化，给人的视觉体验较好，因此被称为"配色黄金比例"。当然，并不是说所有配色都要按黄金比例进行，这只是一种经验。可以把从照片中提取出的色彩应用到设计作品中，效果如图4-49所示。

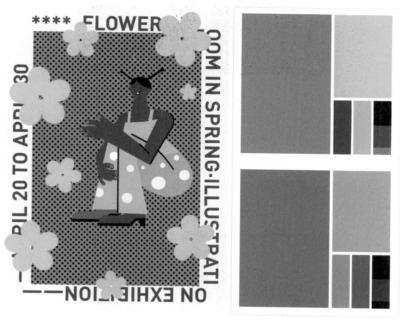

图4-49

　　再使用同样的方法从图4-50所示的照片中提取色彩，这是一张以灰色为主色的照片，按黄金色彩搭配比例的方法概括提取后的配色方案如图4-51所示。

图4-50

主色:70%
主色决定整个画面的色调　　　　　辅色:25%　　　　　点缀色:5%

图4-51

提示

　　要特别说明，配色方案中的某个色彩对象不一定只能是某一种纯色，也可以是一个色彩群组。例如，上图中的点缀色就是一个色彩群组。

在设计创作中，使用色彩搭配黄金比例来表现画面是非常有效且常用的方法。例如，在图4-52所示的设计中，黄色大约占40%，深灰色大约占55%，红色作为点缀色大约占5%，这样的比例关系同样接近色彩搭配黄金比例，既能区分主次，又有层次感。

图4-52

在进行色彩搭配时，采用黄金比例的作用在于配色时容易区分出画面的主次关系，而"5色搭配"在此基础上更能满足观者的视觉心理需求，并能够让作品符合大众的一般审美要求。"5色搭配"即画面中需要有主色、辅色、点缀色、重色和亮色5种具有不同作用的颜色，主色、辅色与点缀色用于形成色彩层次；重色起到增强画面重量感的作用，能给人以安全感；亮色则起到增强画面光感与通透性的作用。下面以梵·高的《星空》为例，如图4-53所示，用"5色搭配"的经验对其进行分析与应用。

图4-53

使用Illustrator中的"双色调"效果处理图片，便于从中提取出主色、辅色、重色、亮色和点缀色，效果如图4-54所示。首先把主色与辅色置入画面，这样就形成了整体蓝色调的画面，用深蓝色表示地，浅蓝色表示天，如图4-55所示。

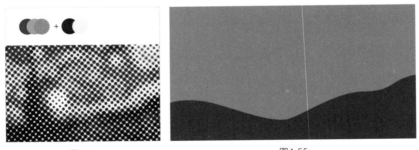

图4-54   图4-55

然后加入点缀色——黄色，黄色与蓝色形成了色相对比，让画面有了更强的视觉张力，效果如图4-56所示。由于画面缺少重量感，因此可以加入深蓝色来增强画面的重量感，效果如图4-57所示。

图4-56

图4-57

最后加入白色作为亮色增强画面的通透性与光感，拉开整体色调的明度差，让画面更有张力，效果如图4-58所示。由于颜色是抽象的，可以附着于不同的形体上，所以如果在画面中添加文字并把文字颜色设置为亮色，亮色在画面中也能起到增强通透性的作用，如图4-59所示。

图4-58

图4-59

4.2.2 吸色法的应用

吸色法包括3个配色经验，具体如下。

第1个： 根据照片颜色确定色彩方案。这些照片既可以是画作或照片，也可以是自己拍摄的风景照片等。优秀的色彩搭配能给人以美的体验，使用吸色法确定色彩方案正是为了自己的作品能给人以美的体验。

例如，乔治·莫兰迪的油画作品以高雅的灰色调而闻名，"莫兰迪色调"因而成为一种配色的范式，如图4-60所示。在广告设计中，使用吸色法提取莫兰迪色调并将其应用到设计作品中能继承这种雅致的美感，如图4-61所示。

图4-60

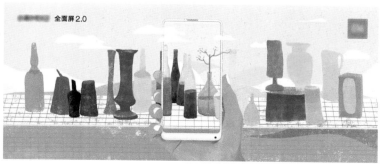

图4-61

又例如，图4-62所示的照片给人的视觉感受是甜美、柔和，可以使用吸色法从中提取出色彩。将提取出的色彩应用到空间设计中，能给人一种温馨、甜美的感觉，如图4-63所示。

图4-62   图4-63

第2个： 吸取视觉主体的颜色，将其作为背景色或与其他颜色搭配。画面的主体对象可以是产品、模特或抽象图形，在主体对象上吸取颜色并将其作为背景色，有利于统一画面的色调，相对较小的色块也可以使用主体颜色，从而与主体形成呼应。

例如，某组产品是由红色搭配黑白灰3色构成的，可以从产品广告图中吸取红色，接着降低红色的纯度，提高红色的明度，设置背景色的"颜色"为浅红色（R:229，G:0，B:19），广告文字则用产品的红色，如图4-64所示。

图4-64

也可以在吸取主体的红色后，将颜色加深并降低其纯度作为背景色，将广告文字调整为偏暖的黄白渐变色，添加光照效果，效果如图4-65所示。

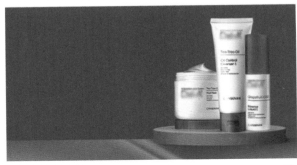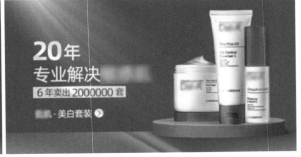

图4-65

在图4-66所示的海报中，主体人物身着绿色服装，吸取主体服装的绿色作为背景色，以统一画面色调。这种从主体中吸取颜色来进行搭配的方法是使用非常频繁的配色技巧，其最大的优点是容易统一画面色调。

图4-66

第3个： 调色时注意细节。注意细节可以更好地把握作品的整体感。古典油画作品中的色彩过渡往往是非常柔和、唯美和细腻的，这与画家在绘制时反复比较，谨慎地把握色差变化的作画态度有关，新古典主义画家约翰·威廉·格维得的人物油画作品就很值得学习，如图4-67所示。

图4-67

设计师在塑造画面时也可以采用吸色法,即在调某种颜色时,先吸取一个与之相关的颜色作为参考,再进行微调。这样做的好处有两个:第1个是可以让画面中的颜色产生关联,利于统一色调;第2个是调整一个颜色到另一个颜色的过程本身就是一个比较和处理画面关系的分析过程,这样做可以避免盲目进行色彩搭配。

例如,要在下方台面中加入一条绶带,绶带同样是红色的,但要求表现出光泽感,因此可先吸取台面的红色,再微微调亮,如图4-68所示。接着以绶带的颜色为参考,调节出绶带的亮部与暗部,效果如图4-69所示。

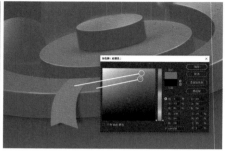

图4-68

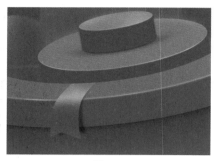

图4-69

提示

吸色法的应用核心是"参考",找到参考后就能快速地把握色彩间的关系。

4.2.3 叠色法的应用

叠色法也被称为"叠柔配色",是通过调整图层混合模式和"不透明度"来调整画面色彩层次关系的方法,如图4-70所示。常用的图层混合模式有"叠加"和"柔光","不透明度"是控制层次的变量。其操作方法是把白色或黑色置于其他颜色图层上,并将其图层混合模式设置为"叠加"或"柔光",接着调整"不透明度",这样可以通过控制"不透明度"来控制颜色层次的变化,让画面中的颜色既有变化又有秩序。

图4-70

为"叠加""柔光"模式的黑白色块设置不同的透明度,可以得到差异较明显的几十种配色,理论上每一种颜色都可以推导出很多种与之有递进关系的颜色,如图4-71所示。这种方法的优点是在不破坏整体配色简洁性的基础上扩大了色彩的表现空间。很多时候设计作品的色彩搭配要尽量简洁,如网站页面和软件界面的设计,这些页面与界面需要加载大量的图文和视频等动态更新的信息,由于这些动态信息的颜色无法把控,所以要求它们本身的色彩有极强的包容性，能够与动态信息上出现的各种颜色协调搭配。不超过3种颜色的搭配是简洁且有包容性的，如黑白灰搭配，这种情况下丰富视觉层次就可以用叠色法来实现。

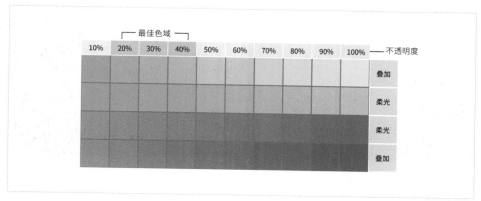

图4-71

提示

需要注意，这种方法对极端色无效，在黑、白、红、绿和蓝等颜色上使用图层混合模式会没有效果或效果不明显。

接下来通过实例阐述叠色法的应用步骤。首先绘制一个黑色或白色色块并将其放置到红色底上，接着设置图层混合模式为“柔光”，“不透明度”为“100%”，如图4-72所示。

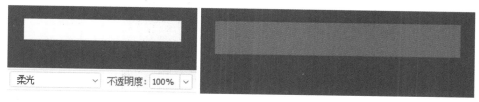

图4-72

然后将色块复制多层，逐层降低“不透明度”，可以看到产生了有序的层次变化，如图4-73所示。色块与色块重叠混合后可以增强亮度，如图4-74所示。如果多个深色色块通过“叠加”或“柔光”模式重叠，亮度会减弱，如图4-75所示。

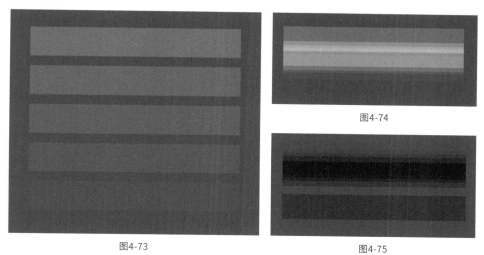

图4-73

图4-74

图4-75

这种方法除了经常应用于界面配色，也经常用于塑造物体的亮部与暗部。例如，在图4-76所示的图片中，台面上的高光为白色层，在图层混合模式为"正常"的情况下，画面显得非常生硬。设置图层混合模式为"叠加"后白色高光区能较好地过渡台子的两个面，如图4-77所示。

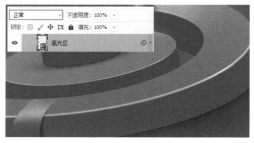 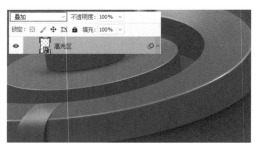

图4-76   图4-77

塑造亮部时一般选择在基色层上添加亮色层，设置图层混合模式为"叠加"或"柔光"，或有更强的增亮作用的"滤色"模式。塑造暗部时一般在基色层上添加暗色层并设置图层混合模式为"叠加"或有更强加深作用的"正片叠底"模式。例如，在图4-78所示的案例中，背景上的线条凹槽效果就是使用这种方法制作的。具体方法为：绘制一条浅色的线并将其置于右方作为亮线条；设置暗线条的图层混合模式为"正片叠底"，设置亮线条的图层混合模式为"滤色"。

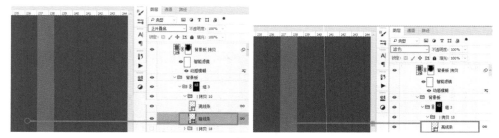

图4-78

提示

除了能丰富界面色彩和塑造物体的亮部与暗部，这种方法还能应用在写实图标、按钮的细节塑造上，如图4-79所示。

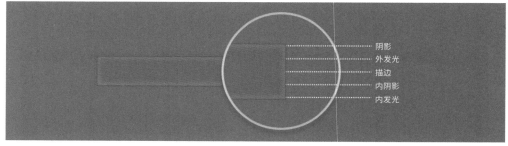

图4-79

4.2.4 色板的自定义

可以通过保存自定义色板的方式来积累色彩搭配方案，从而提高设计效率。接下来通过具体操作来演示自定义色板的方法和步骤。

在给插画配色时，可以使用吸色法从照片中提取颜色并将其应用到设计中，并对颜色进行保存。用此方法为左图上色，需要选择一张含类似元素的照片（右图），如图4-80所示。

图4-80

从中提取绿色（R:40，G:130，B:58）作为画面的主色，绘制一个矩形并为其填充该颜色，如图4-81所示。接着提取紫色（R:104，G:46，B:88）作为辅色，将其填充在花盆上，再提取灰色（R:160，G:184，B:190）作为过渡色，如图4-82所示。

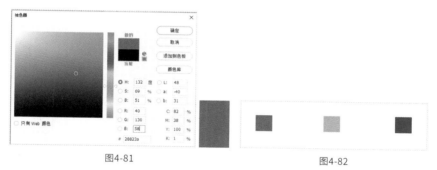

图4-81   图4-82

为了丰富画面层次，同时也为了让画面有重色和提亮色，将3个矩形色样分别复制两份，一份将亮度和纯度调高一些，而另一份则把亮度和纯度设置得低一些，如图4-83所示。

为了获得更多过渡色，可以使用Illustrator中的"混合工具"来生成过渡色，分别单击矩形色样，生成的过渡色如图4-84所示。

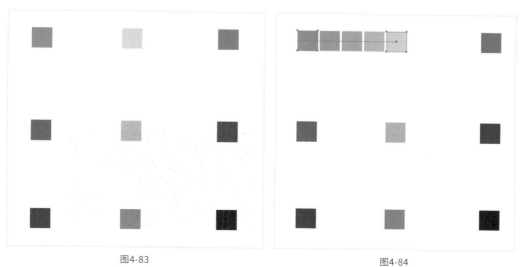

图4-83   图4-84

双击工具栏中的"混合工具" ，在弹出的"混合选项"对话框中设置"间距"为"指定的步数""2"，单击"确定"按钮，如图4-85所示。

图4-85

选择所有对象并执行"对象＞扩展外观"菜单命令，再次执行"对象＞扩展外观"菜单命令将其转曲，转曲后单击鼠标右键，在弹出的快捷菜单中执行"取消编组"命令，如图4-86所示。用同样的方法混合中间的灰色色样与上方中心、下方中心的色样，以及左右两侧中心的色样，效果如图4-87所示。

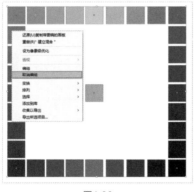

图4-86

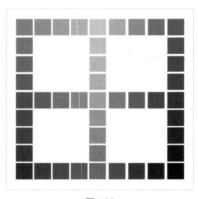

图4-87

通过这个方法可以得到很多过渡色，如果想获得更多过渡色，可以继续混合相隔色块，以产生更多过渡色块，让色块填满矩阵，这种矩阵被称为"过渡色矩阵"，效果如图4-88所示。拾取矩阵中的颜色并将其应用到插画中，效果如图4-89所示。

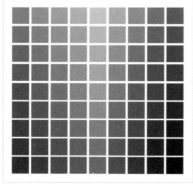

图4-88

图4-89

如果想在Illustrator中保存这组颜色，可以执行"窗口＞色板"菜单命令，打开"色板"面板，如图4-90所示。单击"色板"面板右上角的"菜单"按钮☰，执行"新建颜色组"命令，在弹出的"新建颜色组"对话框中设置"名称"为"花卉插画"，单击"确定"按钮，如图4-91所示。

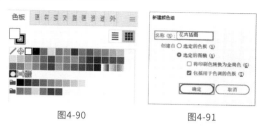

图4-90   图4-91

选择矩阵中的色样，单击"色板"面板下方的"新建色板"按钮➕，在弹出的"新建色板"对话框中进行设置后单击"确定"按钮即可，如图4-92所示。这样对应颜色就添加到色板中了，可以手动将新添加的色板拖曳到新建的颜色组中，如图4-93所示。这样就可以把需要保存的色板保存到新建的颜色组中，便于后续使用。

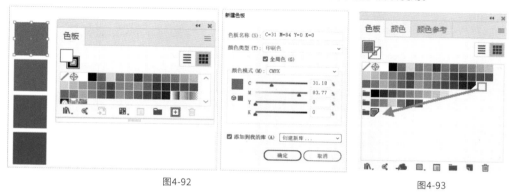

图4-92   图4-93

在Photoshop中也可以自定义色板，执行"窗口＞色板"菜单命令，打开"色板"面板，如图4-94所示。然后使用"吸管工具"🖊吸取矩阵中的颜色，单击"色板"面板下方的"创建新色板"按钮➕，即可新建色板，如图4-95所示。

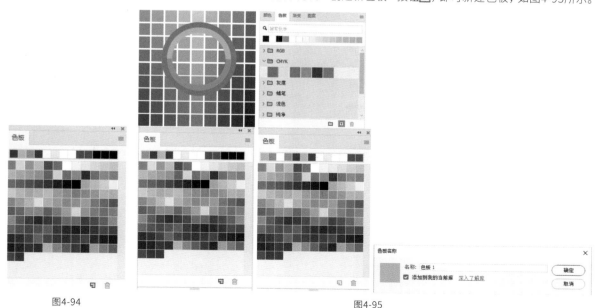

图4-94   图4-95

如果想删除色板，可以在色板上单击鼠标右键，在弹出的快捷菜单中执行"删除色板"命令，但这种方法只能一个个地删除，效率比较低，如图4-96所示。添加色板后需要保存色板，在"色板"面板右上角单击≡按钮，执行"存储色板"命令，并在弹出的对话框中设置"文件名"为"插画盆栽色板"，单击"保存"按钮即可，如图4-97所示。

如果想恢复到初始的色板状态，只需要在"色板"面板右上角单击≡按钮，执行"复位色板"命令。如果需要再次调用存储好的色板，可以在"色板"面板右上角单击≡按钮，执行"替换色板"命令，调用已保存的色板文件，如图4-98所示。至此，已经阐述完在Illustrator和Photoshop中自定义色板的步骤，自定义色板可以让设计师养成系统性思维和解决问题的习惯和态度。

图4-96   图4-97   图4-98

4.2.5 多种配色方案的创建与甄选

在设计过程中创建多种配色方案有以下两个作用。

第1个：根据不同的应用场景、对象可以选用不同的配色方案。例如，地铁站中的广告方案可以比产品包装上的方案的色彩对比更强烈，给女性看的方案可以使用女性更青睐的色彩，给儿童看的方案的色彩可以更加活泼、明亮，如图4-99所示。

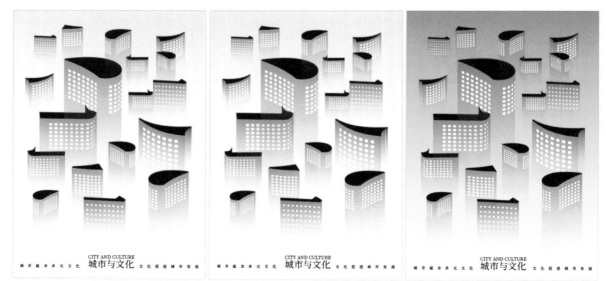

图4-99

第2个：一个作品拥有多种配色方案便于在与客户或团队成员交流的时候，给予对方更大的选择空间，并且可以根据几种方案讨论设计的优化方向。

实例：快速设计多种配色

可以使用"重新着色稿"功能快速探索并制作出多种不同类型的配色方案，以此为作品选择更合适的配色。

01 使用Illustrator打开"素材文件＞CH04＞实例：快速设计多种配色"文件夹中的"moon.ai"文件，选择"画板工具" ，复制一个画板，在新的画板中调整配色，如图4-100所示。

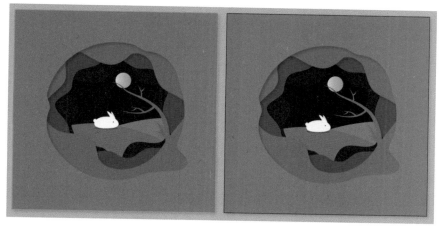

图4-100

02 选择画面中的所有对象，执行"编辑＞编辑颜色＞重新着色图稿"菜单命令，弹出"重新着色图稿"对话框，在该对话框中可以直接将一种颜色调整为另一种颜色，效果如图4-101所示。

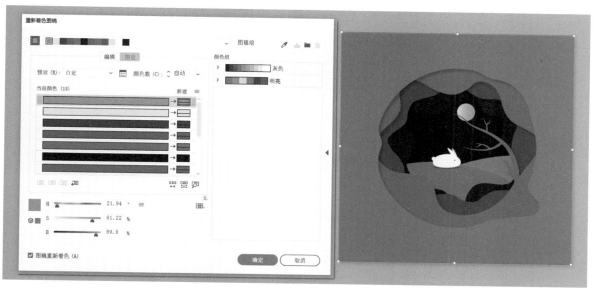

图4-101

03 "当前颜色"中的颜色对应的是画面中选中对象的颜色，单击右侧的"灰色"色条，可以发现画面发生了改变，如图4-102所示。画面变成了黑白的，"新建"下方出现了黑白灰色的色条，这些色条是根据左侧"当前颜色"中对应的色条明度自动生成的。此方法除了可以快速把彩色稿改为黑白稿，还可以将当前色彩搭配方案快速修改为其他色彩搭配方案。

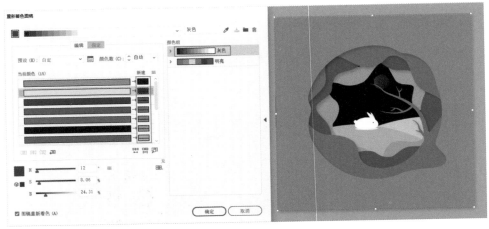

图4-102

04 选中"当前颜色"中的色条后单击"拾色器"按钮 ⁄ ，在"拾色器"对话框中选择颜色，如图4-103所示。选择颜色后设置其HSB值，这个颜色会更新到"新建"下方与之对应的色条中，画面中相应的颜色也会发生改变，这意味着画面中所有"当前颜色"中对应的颜色都设置为了"新建"下方更新后的颜色，如图4-104所示。

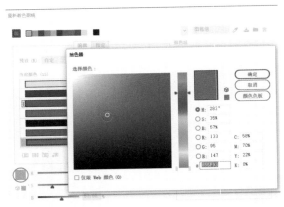

图4-103

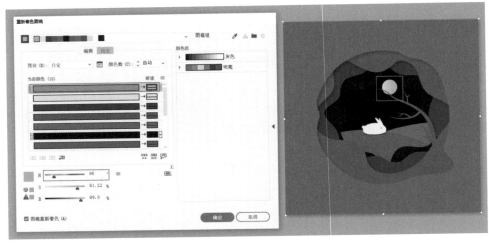

图4-104

05 重复上述操作，为每一个"当前颜色"中的色条修改颜色，如图4-105所示。这样可以快速生成多种不同类型的配色方案，如图4-106所示。

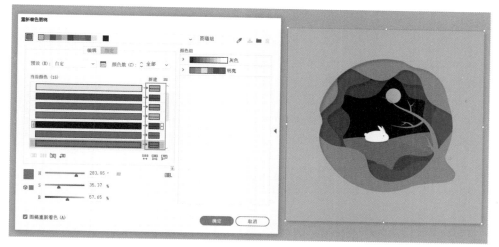

图4-105

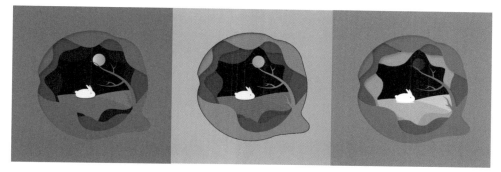

图4-106

提示

在"重新着色图稿"对话框中，除了通过上述的修改色条更改颜色的编辑方式，还有一种在色相环中进行操作的编辑方式，如图4-107所示。使用Illustrator中这一功能不仅可以为同一作品生成多种配色方案，还可以为系列作品创建配色方案。

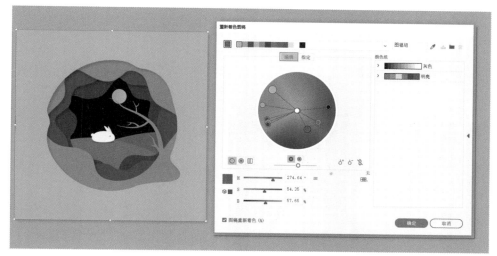

图4-107

4.2.6 配色的注意事项

配色方法是设计师在实践中总结出的直接经验，本书无法一一列举，只能列举部分典型的、常用的且易于理解的方法，希望学习者能够在此基础上举一反三，养成独立的分析能力，从而做到触类旁通。本小节将介绍9点配色时的注意事项，这些注意事项能够帮助学习者更好地调色。

第1点：控制画面色彩数量对初学配色的学习者来说非常重要。虽然画面中允许出现很多种颜色，但是颜色越多，对设计师的配色把控能力的要求就越高，因此选用3种颜色进行搭配是比较稳妥的选择。有些情况下辅助色或点缀色可使用多种，但最好不要超过7种，如图4-108所示。

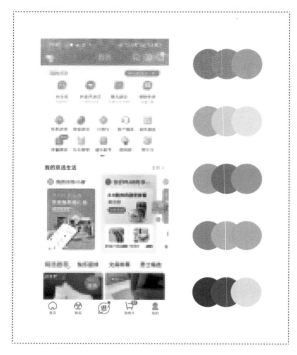

图4-108

第2点：渐变色有着良好的视觉效果，也非常流行，如果使用的是两色渐变，则两色的色相差最好不要超过90°，超过90°的渐变色的过渡不够柔和，中间部分会显得生硬，如图4-109所示。在色相差超过90°的渐变色中可以添加过渡色进行衔接，如图4-110所示。渐变不仅限于色相渐变，还包括明度和纯度渐变，如图4-111所示。

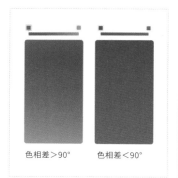

图4-109

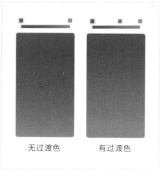

图4-110

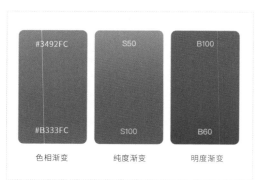

图4-111

第3点：三角色搭配又被称为三色对立搭配或分散互补色搭配，是在色相环中画出等边三角形，然后选择3个顶点处的颜色进行搭配。例如，红、黄、蓝3色就是三角色搭配，如图4-112所示。因为三角色搭配分散了辅色的对立关系，所以在想体现画面平衡性时十分有用。但由于增加了颜色的种类，画面的色彩关系不容易调和，画面看起来容易"花"。因此在使用三角色搭配时要将3色的纯度值、明度值设置得接近，或者增加强调色的纯度值、明度值来调和画面。

第4点：除了三角色搭配，还有分裂补色搭配和四角色搭配。分裂补色搭配是先选择两种互补色，再选择其中一种颜色相邻的颜色进行搭配。分裂补色搭配比三角色搭配要容易调和一点。四角色搭配是指用色相环上4个角处的色彩进行搭配，即在色相环中画出矩形后采用顶点处的颜色来搭配，如红色、橙色、蓝色、绿色。

提示

　　四角色搭配的优点是整体色调艳丽而充满活力、对比强烈，其缺点是比三角色搭配更难调和。四角色搭配在应用中为了便于调和，常以4色中的一种为主色进行搭配，如图4-113所示。除了四角色搭配，五角色搭配、六角色搭配也可以尝试。但需要注意，颜色越多，越难调和。

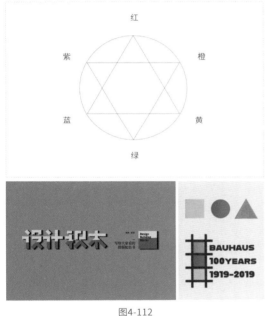

图4-112

图4-113

第5点：在多色搭配的情况下，加入黑色、白色与灰色作为过渡色是非常有效且常用的手法，如图4-114所示。

第6点：配色与排版要相辅相成。例如，视觉度高的对象颜色强烈而集中，视觉度低的对象颜色沉静而舒缓，如图4-115所示。

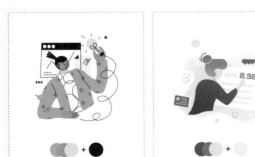

图4-114

图4-115

第7点： 灰色的背景较为常见，因为灰色有较好的包容性和过渡性，但如果一直使用灰色作为背景，会让画面显得呆板和机械，根据前景色来挑选背景色是一个不错的选择，如图4-116所示。

第8点： 注意不同背景色下颜色的空间感及心理属性的变化。在界面设计中很多界面具有深色背景和浅色背景两套方案，这样设置是为了满足用户在不同场合下的使用需求。例如，在夜晚观看手机屏幕时深色界面比浅色界面更舒服。在较深的背景上浅色会显得更靠前，而在较浅的背景上深色表现突出且显得更靠前，如图4-117所示。

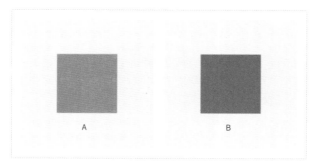

图4-116

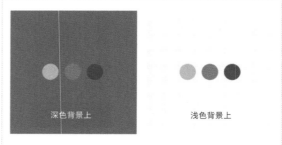

图4-117

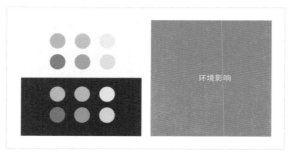

图4-118

第9点： 慎用极端色。虽然用黑色、白色作为背景色或造型的描边色十分可行，但是作为塑造对象造型的填充色时要慎重考虑，因为没有色彩倾向的黑色、白色容易给人一种苍白感。纯度高的颜色要慎用，因为它们很容易给人一种刺眼的感觉。当然，慎用不等于不能用，需根据具体情况具体分析。图4-119所示案例使用了极端色，给人一种很刺眼的感觉。

图4-119

4.3 配色诊断

初学设计的学习者在色彩搭配上容易出现一些常见问题，较为常见的有"脏""灰""花""俗"，本节将对这些常见的配色问题进行详细讲解，并通过实例进行配色诊断与改稿。

4.3.1 配色"脏"

色彩搭配"脏"与排版、造型"乱"往往同时出现，这会导致画面没有层次感，但颜色"脏"与配色"脏"并不是同一回事。

• 问题分析

一般说某个颜色是"脏色"，是指这个颜色因纯度低而缺乏明确的色彩倾向，或混合了多种颜色而看不出它更倾向于哪种颜色。例如，在互为补色的混合色中容易出现脏色。"脏色"与灰色是有区别的，"脏色"是纯度低而看不出色彩倾向的颜色，而灰色是纯度低但能分辨出色彩倾向的颜色，如倾向黄色的是黄灰色，倾向蓝色的是蓝灰色。在室内设计中有一种常见的色彩搭配叫作"脏粉配"，即搭配使用"脏粉色＋灰色""脏粉色＋蓝色"，这里的"脏粉色"本质上是有一定颜色倾向的低纯度的灰色，如图4-120所示。

色彩搭配"脏"指的是色彩与色彩之间的关系给人一种"脏"的感觉。例如，图4-121所示的这幅插画的颜色看起来就比较"脏"。色彩搭配中并没有绝对的某一种脏色，画面之所以显得脏，是因为颜色不合适。例如，把一种很灰的颜色放在鲜艳的花朵上就会显得脏，如果把它放在一个不锈钢金属锅的灰面或灰色衬布背景上，该颜色就可能是协调的颜色。因此要明白，色彩关系是相对的，没有绝对错误的色彩关系，只有不协调的色彩关系。

图4-120

图4-121

• 常见原因

画面色彩搭配显得"脏"的常见原因有以下4点。

第1点： 塑造有空间明暗关系的对象时素描关系失衡，配色关系与画面视觉层次相悖。

第2点： 塑造有空间明暗关系的对象时固有色使用不当。

第3点： 色调的色彩倾向不明确。

第4点： 塑造有空间明暗关系的对象时直接在画面中加入黑色、白色、灰色等没有色彩倾向的颜色。例如，在图4-122中，左图比右图的颜色显得更脏，其原因是右图中的颜色与整体色调更融洽，所有颜色都带有色彩倾向。

图4-122

• 设计改稿

对图4-123所示图片进行分析，可知右上角的球体装饰元素让画面显得比较脏。首先从素描关系上分析，该画面存在空间关系，右上角的球体是虚化的背景空间中的对象，但是球体装饰元素在明度上比较显眼，导致浏览时注意力会不自觉地偏移到球体上。在Photoshop中为最上方图层设置黑白渐变的"渐变映射"调整图层，这样右上角的球体可以更清楚地被看到，如图4-124所示。

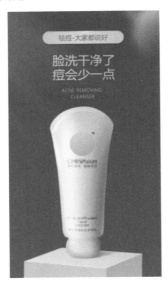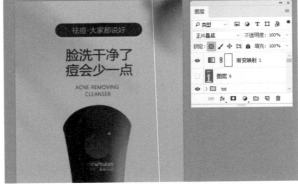

图4-123　　　　　　　　　　　　　　图4-124

虽然球体装饰元素处于红色调的环境中，但是没有与画面的整体色调相统一，色彩倾向不明显，给人一种突兀感，这是画面色彩关系显得脏的主要原因，可以使用"调色"命令进行调整，调整后的效果如图4-125所示。

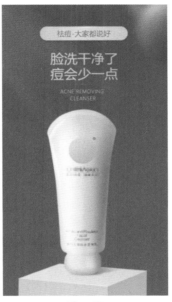

图4-125

　　产品的暗部颜色突兀，也会给人一种脏的感觉，如图4-126所示。这是因为暗部颜色使用的是不带色彩倾向的灰色，实际上这样的灰色在红色调的环境中并不存在。相较而言，产品下方影子的颜色则显得协调很多，其原因就是影子的颜色是有着红色倾向的暗灰色。把产品右侧的灰色调整为带有红色倾向的灰色，效果如图4-127所示。

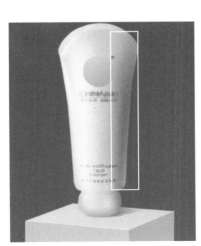

图4-126

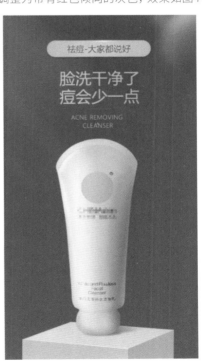

图4-127

• 注意事项

为避免出现色彩搭配"脏"的问题，初学者可以在设计时注意以下4点。

第1点： 画面中的颜色数量应随设计的深入而逐步增加，不要一开始就放很多种颜色到画面中，彼此没有关联的多种颜色会让人陷入混乱，容易出现"脏"的问题。

第2点： 深色系搭配比浅色系搭配容易"脏"，色差大的色彩搭配比色差小的色彩搭配更容易"脏"。

第3点： 避免色块间出现边缘模糊、颜色模糊等情况，特别注意形体转折处的过渡，形体转折处对视觉效果的影响比较大。

第4点： 处理好画面的黑白关系、冷暖关系、虚实关系和光影关系等构成关系，并使色彩与版式相辅相成，在满足视觉层次的需求下统一色彩就能避免配色"脏"的问题，即使出现了"脏"的感觉，也能够根据分析加以调整。

4.3.2 配色"灰"

色彩搭配"灰"与颜色是灰不是一个概念，灰色是指纯度相对较低的颜色，而整个画面显得"灰"则是指画面因视觉对比弱、缺乏视觉张力而出现苍白无力的情况。

• 问题分析

下面用一张图阐述画面显得"灰"到底是什么样的，图4-128所示的产品图就给人一种"灰"的感觉。

使用Photoshop打开这张图片，复制图片并重命名为"1"图层，按快捷键Ctrl＋L打开"色阶"对话框，如图4-129所示。

图4-128   图4-129

仔细观察"色阶"对话框中的"输入色阶"波峰图，会发现左侧暗部区域非常平缓，这说明该图的重色区间像素较少，像素主要集中在亮灰色区间，如图4-130所示。

为了便于理解，可以把"色阶"对话框中的"输入色阶"波峰图比作心电图，如果"输入色阶"波峰图的暗部区域出现了大面积的平直线条，那么意味着该图片的色彩明度对比不够强烈，在视觉上给人一种"灰"的感觉，因此需要把波峰图左侧的滑块往中间拖曳，如图4-131所示。

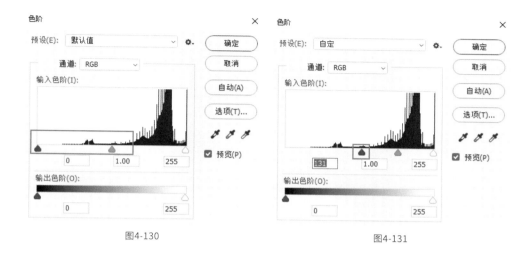

图4-130

图4-131

这时再来看图片，就会发现图片的视觉效果比调节前的视觉效果要明亮很多，如图4-132所示，比较可知，所谓的"灰"即色彩的层次对比弱。在平面设计、界面设计中色彩关系显得"灰"也是如此，如图4-133所示。

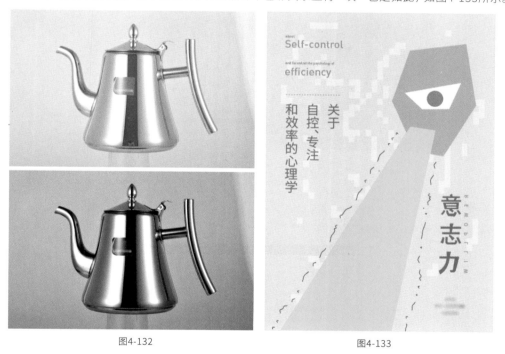

图4-132

图4-133

常见原因

画面色彩关系显得"灰"的常见原因有以下3点。

第1点：画面的明度对比没有拉开。

第2点：在明度对比没有拉开的情况下，色相和纯度过于平均、层次感弱。

第3点：视线焦点区域的色彩不够强烈，不够集中。例如，当配色整体给人一种非常沉闷、苍白乏味的感觉时，可能是因为色彩搭配太"灰"了，如图4-134所示。

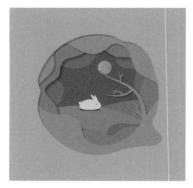

图4-134

画面中部是视线焦点，但视觉张力很弱，不能很好地吸引观者的注意力，明度色差没有拉开，同类色对比使画面缺乏张力。在"色阶"对话框中查看"输入色阶"波峰图，会发现波峰图左侧区域的颜色信息缺失，这意味着画面中缺少深色；波峰图右侧区域的颜色信息缺失，这意味着画面中的亮色不够，亮暗层次没有拉开，如图4-135所示。

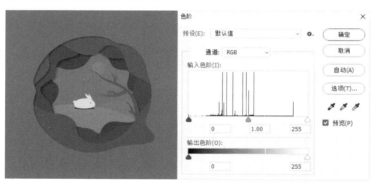

图4-135

又例如，图4-136所示的用户界面中的色彩搭配就存在着"灰"的问题，原因是几个彩色图标太亮，但色彩纯度低，本应起强调作用的图标未使用强调色，因而十分不起眼。

图4-136

设计改稿

前面对图4-134中的色彩进行了诊断分析，其关键问题在于画面的色彩关系太"灰"，接下来针对这一问题进行改稿。增强插画的明度色差，逐步调整插画中的门洞、植被等对象的色彩，让色相对比变得更为强烈，效果如图4-137所示。

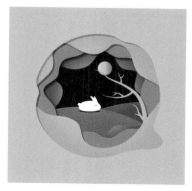

图4-137

调整后色彩的明度对比关系已经比之前要好很多了，在"色阶"对话框中查看"输入色阶"波峰图，会发现波峰图左、右两侧区域的颜色信息已经得到了补充，这意味着画面的深色得到了补充，右侧较空是因为此处的色彩层次比较单一，如图4-138所示。

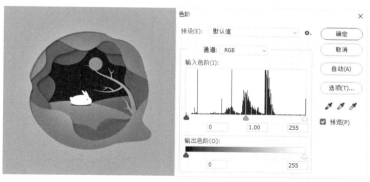

图4-138

为了加强画面效果，可以添加一个"曲线"调整图层，并调节曲线为"S"形，如图4-139所示。调节曲线后，画面的明暗对比效果得到了强化，效果如图4-140所示。

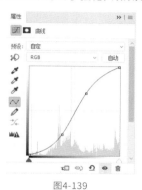

图4-139

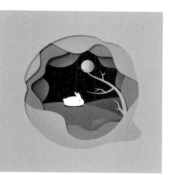

图4-140

用户界面的调整则更简单，只需要将作为强调色的图标颜色的纯度调高、明度调低，拉开纯度和明度的对比即可，效果如图4-141所示。调整好后看一下整体对比效果，如图4-142所示。

图4-141 　　　　　　　　　　　　　　　　　　　　　　　　　　 图4-142

● 注意事项

"灰"的本质是平均化，原因是画面的对比层次没有拉开，缺乏视觉张力。相比处理"脏"画面，处理"灰"画面比较容易，具体方法如下。

提高明度差是解决画面"灰"问题的主要方法，其次是拉开纯度差或色相差。但是要注意，色相差如果太大，有可能走向画面的另一个极端——"花"和"俗"。在画面中，色彩的对比强弱程度要与画面整体相协调，重要信息上的强调色当然要强烈，起衬托作用的背景色再强烈也必须让位于被衬托对象。此外，再次强调灰色搭配、高级灰搭配与画面色彩显得"灰"是两回事，高级灰搭配往往有着非常好的包容性，用好高级灰搭配是配色能力的体现。例如，莫兰迪作品中的高级灰搭配就能给人一种优雅的感觉，如图4-143所示。

图4-143

4.3.3 配色"花"

"花"指的是颜色使人眼花缭乱的不适感，"五色令人目盲"指的是色彩太多而整体色调无法统一，"花"同样指的是画面色彩关系紊乱、花哨与缺少秩序感，而不是与纯色对立的"花色"。

• 问题分析

图4-144所示的海报就显得有点"花"，画面中的颜色并不是很多，红色作为主色，其他色只是辅色，色彩间的过渡没有处理好，导致画面显得"花"。

图4-144

• 常见原因

配色"花"的根本原因是整体色调与局部色彩无法统一，且没有秩序感。此外，还有以下4点常见原因。

第1点： 画面中主色和辅色的搭配比例没有拉开。例如，在画面中主色占30%，辅色A占25%，辅色B占27%，辅色C占18%，在色相差大、纯度都很高的情况下，画面很容易显得"花"。

第2点： 有很多照片更容易出现"花"的情况，这是因为照片本身是非常复杂的色彩群组，每一张照片中都有许多种颜色，如果不对颜色进行统一处理，画面就会显得"花"，如图4-145所示。

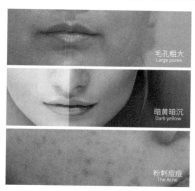

图4-145

第3点：使用极端色容易让画面显得"花"。使用极端色不仅容易让画面显得"花"，还会让画面显得很刺眼。

第4点：若画面的排版、造型都是无序的，那么即使颜色的搭配没有问题，画面也会显得"花"，这是因为画面的整体视觉层次杂乱无章，如图4-146所示。

图4-146

● 设计改稿

初学者经常遇到的问题就是导入大量照片素材后导致画面显得"花"，下面使用实例来演示如何处理"花"的画面。可以看到图4-147中有4个信息点，每一个点对应一张图片，图片的明暗分布不均，色彩显得"花"。

把4张图放入一个文件夹中，在该文件上方新建一个"渐变映射"调整图层，并把该调整图层作为下方文件的剪切蒙版，如图4-148所示。然后设置"渐变映射"的渐变颜色为从深红色（R:163，G:32，B:32）到亮红色（R:242，G:211，B:211），如图4-149所示。对比修改前后的效果，显然修改后的画面色彩更有秩序感，解决了"花"的问题，效果如图4-150所示。

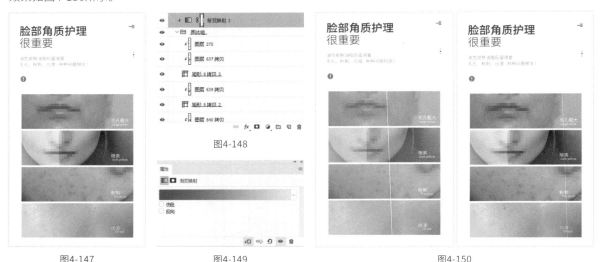

图4-147   图4-149   图4-150

解决"花"问题的关键是让颜色产生秩序感并让色调统一。例如，在图4-151中，插画人物的颜色稍显突兀，可以选择所有插画对象，打开"色相/饱和度"对话框并勾选"着色"选项，将"色相"下方的滑块往红色区域拖曳，如图4-152所示。对比修改前后的效果，修改后的插画人物的颜色与整体色调更加统一，效果如图4-153所示。

图4-151

图4-152

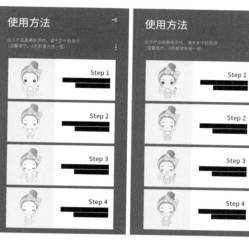

图4-153

注意事项

归纳一下常见的解决画面配色"花"问题的5点注意事项。

第1点： 主色与辅色的搭配比例要拉开，如果它们的比例很接近，可以在纯度、明度等维度上拉开差距。

第2点： 可以对画面中的对象统一进行调色处理，如统一添加调色命令、统一取舍和添加统一的元素等。

第3点： 谨慎使用极端色，慎重使用过灰、过暗和过脏的颜色。

技术专题：灰色、暗色和脏色的相对性

灰色、暗色和脏色是相对的，并不是不能用，而是使用不当容易出现一些问题。笔者将安全色大致分为三角形禁区、矩形禁区和扇形禁区（蓝色为禁区）3种，如图4-154所示。例如，图4-155所示图标的凹槽用了禁区色，对这部分颜色进行调整，对比前后效果，调整后的效果显然更通透一些，如图4-156所示。

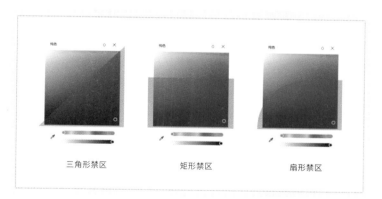

| 三角形禁区 | 矩形禁区 | 扇形禁区 |

图4-154

阴影使用了禁区色

阴影颜色调整后

阴影颜色调整前　　阴影颜色调整后

图4-155　　　　　　　　　　　　　　图4-156

第4点： 如果排版、造型是有序的，那么配色只需要跟随整个视觉层次就不会显得"花"。

第5点： 花色群组和色彩"花"是两回事，花色群组如果是有序的，也可以形成很漂亮的视觉效果，如图4-157所示。

图4-157

4.3.4 配色"俗"

配色"俗"就是颜色没有品质感，且容易给人一种廉价感，即平常讲的"Low色调"，其本质原因是初学者盲目配色，如图4-158所示。

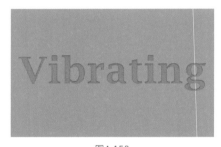

图4-158

● 问题分析

"高端的食材，往往只需要最朴素的烹饪方式"，高品质的作品也是如此。一件高品质的服装也许款式并不夸张，颜色也很低调，但有着更细致的做工，其面料有着舒适的触感。高品质感和低品质感是人的主观体验，人们在一定的社会群体意识下有着共鸣，过于喧嚣、粗糙和无距离感的刺激往往容易让人感觉廉价。例如，图4-159所示的图片就给人一种比较粗糙的感觉。

图4-159

常见原因

配色显得"俗"的常见原因有以下4点。

第1点：使用了霓虹色。虽然闪亮的霓虹色很有张力，似乎能让页面显得潮、炫酷，但是它会给人带来不适感，且带有侵略性，让人感到有压力，如图4-160所示。

图4-160

第2点：使用了极端色。高纯度的色彩搭配在一起时会产生一种"震颤效应"，让人感觉这两种色彩会产生震颤或发出光晕，这种视觉效果会令人不适。例如，高纯度的红、绿色搭配就给人一种"俗"的感觉。

第3点：浅色配浅色，深色配深色。例如，高亮的黄色底配上白色的文字，灰色配灰色，这些配色都会给人一种特别不好的感觉，如图4-161所示。

图4-161

第4点：使用黑色作为主色，且画面中没有有趣的元素或其他色彩来中和掉黑色的严肃与无趣，这样就会让画面显得过于呆板，如图4-162所示。

图4-162

设计改稿

孟菲斯风格的海报中有很多种颜色，但过多的颜色会让人感到不适。例如，图4-163所示的孟菲斯风格作品就显得"俗"。因为这幅作品的颜色纯度太高，所以可以统一降低所有颜色的纯度，使整体颜色更加融洽。选择图中的所有对象，在Illustrator中执行"编辑＞编辑颜色＞重新着色图稿"菜单命令。

图4-163

在"重新着色图稿"对话框中选择"当前颜色"中的色条，把颜色的纯度降低到41%左右，如图4-164所示。调整后会发现画面效果显然要好很多，如图4-165所示。

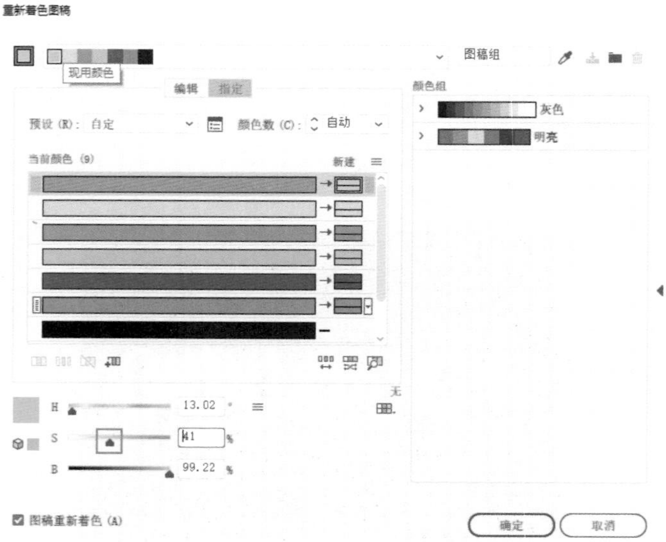

图4-164

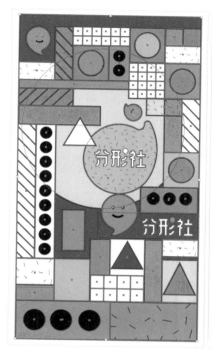

图4-165

提示

可以在此基础上继续调整颜色,效果如图4-166所示。

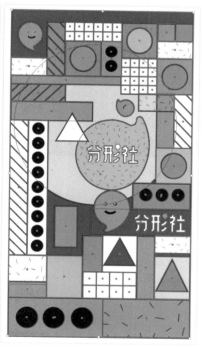

图4-166

• 注意事项

除了要注意前面介绍的几个让画面变"俗"的常见原因，还需要注意以下3点。

第1点： 霓虹色搭配。如图4-167所示，降低霓虹色的亮度，让画面看起来更暗；并且加入消色，让画面中的颜色看起来更加柔和而不是那么强烈。

第2点： 解决极端色搭配产生的"震颤"问题，需要降低其纯度和明度，或者加入消色、减少纯色面积，以削弱色彩冲突。

第3点： 仅用黑色和白色会产生乏味感，这种情况下需要通过添加其他颜色来提高色彩的丰富度，如图4-168所示。黑色的描边在插画中比较常用，而且有着不错的装饰效果，如图4-169所示。

图4-167

图4-168

图4-169

技术专题：4种配色问题及其解决方法

第1种：画面"脏"一般是因为整体色调与局部颜色冲突，解决方法是让局部颜色与整体色调相融合。

第2种：画面"灰"一般是因为画面色彩层次没拉开，解决方法是拉开色彩层次，增强画面张力。

第3种：画面"花"一般是因为色彩搭配比例处理不当或版式混乱、层次混乱，解决方法是处理好配色比例关系、调整色彩层次等，使其产生秩序感。

第4种：画面"俗"一般是因为画面中使用了极端色，解决方法是降纯、中和色彩冲突，以减弱色彩的侵略性，使画面产生稳定感。

4.4 | 配色 工具组

本节介绍一些配色工具组，有些工具是可以随时在线使用的色彩搭配工具，有些则是朗朗上口且实用的配色口诀与公式，这些工具都能够帮助学习者进行配色，并在色彩体系的基础上进行拓展，希望能启发学习者。

4.4.1 配色"周期表"

下面深入阐述配色的"周期表"，即"色彩体系"，之所以把色彩体系比作"周期表"，是因为色彩体系至少有以下4点作用。

第1点：色彩体系提供了几乎全部的色彩，可以帮助设计者开拓新的色彩应用思路。

第2点：由于色彩体系是严格按照色相、明度、纯度的科学关系组织而成的，所以可以用科学的方式来运用色彩的对比、调和规律。

第3点：一个标准的色彩体系能给色彩的使用和管理带来很大的便利，可以使各行各业统一色彩的使用标准，色彩体系的建立意义非凡。

第4点：根据色彩体系可以任意改变设计作品的色调，并且能保留原作品中的某些关系，取得更理想的效果。

提示

色彩体系能使人更好地掌握色彩的科学性、多样性，使复杂的色彩关系在人们的头脑中形成立体的概念，为人们更全面地应用色彩、搭配色彩提供根据。色彩对人感官和精神的影响是客观存在的，可以根据色彩体系来推理、运用，但对色彩的感知力、辨别力，以及色彩本身的象征意义与感情表达，这些都属于色彩心理学范畴，不能依据色彩体系来推理、运用。

● 孟塞尔色彩体系

下面先来了解当前主流的3种色彩体系。其中孟塞尔色彩体系已经阐述过，它是通过色彩体系模型来表示色彩三属性的一种色彩体系，如图4-170所示。

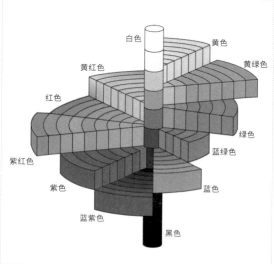

图4-170

• 奥斯特瓦尔德色彩体系

奥斯特瓦尔德色彩体系由威廉·奥斯特瓦尔德提出，这个色彩体系认为所有的颜色都是由"黑（B）""白（W）""纯色（F）"按照一定的面积比例旋转混合得到的，且W＋B＋F＝100（％）。所以要描述一种特定颜色，只要给出3种变量的具体数值即可。对于有彩色，奥斯特瓦尔德色彩体系采用"色彩编号＋白色量＋黑色量"的方式来表示，即使用阿拉伯数字和两个字母表示。例如，8pa表示红色，如图4-171所示。

这个色彩体系模型是以色轴为中心轴、向四周发散的复圆锥体，如图4-172所示。模型从底部往上颜色是从深到浅的，纵轴体现了明度变化，俯瞰模型会看到色相环，色彩的纯度是通过从中心向外扩展这一维度来表现的。

奥斯特瓦尔德色彩体系使用了24个色相，模型中的色相环以红色、黄色、绿色和蓝色4色为基础，两组补色分别相对位于圆周的4个等分点上，再在4色之间添加了橙色、紫色、蓝绿色和黄绿色4种颜色，这8种颜色共同组成了色彩体系的基本色，如图4-173所示。

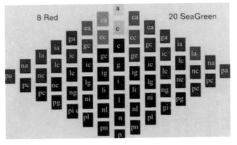 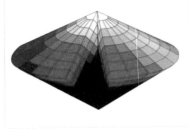 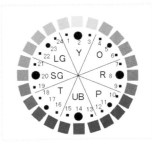

图4-171 　　　　　　　　　　　　　图4-172 　　　　　　　　　　　　　图4-173

提示
奥斯特瓦尔德色彩体系的优点：可以用数学计算方法来计算颜色（选色、混色都有固定公式）。
奥斯特瓦尔德色彩体系的缺点：虽然它曾经是德国色彩系统的主流范式，但是其色彩相对其他颜色立体并不丰富，因而主要应用于建筑、常规工业品等不需要大量鲜艳色的行业。

• PCCS色彩体系

PCCS色彩体系由日本色彩研究所发表，因此也被称为日本色研配色体系。PCCS色彩体系吸取了孟塞尔色彩体系和奥斯特瓦尔德色彩体系的优点并进行了调整，其基本原理和孟塞尔色彩体系的原理几乎相同，但PCCS色彩体系以色彩的调和为主旨，将色彩的明度和纯度结合在一起，这是PCCS色彩体系的最大特点，如图4-174所示。

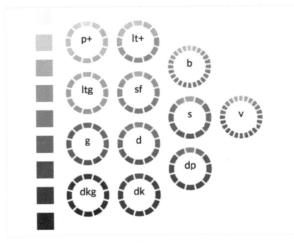

图4-174

PCCS色彩体系分别以光谱上的红色、橙色、黄色、绿色、蓝色和紫色为基础，将它们根据等间隔、等感觉差距的比例分成了24个色相、17个明度等级和9个纯度等级，然后将整个色彩体系的外观色分成了12个基本色调倾向，其中还包含了色光三原色和印刷三原色，如图4-175所示。

PCCS色彩体系模型

PCCS色彩体系结构

图4-175

在PCCS色彩体系中，12个色调是以24个色相为主体的。色调之间的关系同孟塞尔色彩体系的三要素的关系架构一致，明度中轴线由不同明度的色阶组成。靠近明度中轴线的色组是低纯度的Ltg色组、g色组；远离中轴线的色组是高纯度的v色组、b色组；靠近中轴线上方的色组是高明度的p色组、Lt色组；中轴线下方的色组是低明度的dp色组、dk色组；中央地带的色组是明度、纯度居中的d色组。

┌─ **技术专题：PCCS色彩体系的9个色调总结** ─────────────────
│ 第1个：v色组，纯度最高，被称为纯色调。
│ 第2个：b色组，明度、纯度略次，被称为中明调。
│ 第3个：Lt色组，明度偏高，被称为明色调。
│ 第4个：dp色组，明度偏低，被称为中暗调。
│ 第5个：dk色组，明度低，被称为暗色调。
│ 第6个：p色组，明度高、纯度略低，被称为明灰调。
│ 第7个：Ltg色组，明度适中，纯度偏低，被称为中灰调。
│ 第8个：d色组，明度适中、纯度适中，被称为浊色调。
│ 第9个：g色组，明度低、纯度低，被称为暗灰调。
└──

4.4.2 配色歌

前人总结的经验除了以文字的方式记载，还有一种常用的方式就是传唱歌谣（口诀），因此就有了配色歌（口诀），学习前人在使用色彩过程中总结出的口诀可以获得一些经验，接下来介绍传统戏剧舞台配色口诀。

文相软，武相硬："文相软，武相硬"是戏剧中化妆配色的口诀，意思是在舞台上文戏多使用软色，如《西厢记》《昭君出塞》等；武戏多用硬色，如《野猪林》《李自成坐金銮》等。软色即短调，深色与浅色的跨度小，可以营造柔和、宁静的感觉，给人一种干净、舒服的感受。而硬色就是长调，对比度强烈的色彩搭配视觉冲击力较强，画面中深色和浅色的跨度较大，如《西厢记》和《野猪林》的舞台配色效果，如图4-176所示。

软靠硬，色不愣："愣"有突兀的意思。这句话的意思是，在戏剧舞台上的服饰或桌案景物中，大绿色与深蓝色、大绿色与大红色搭配时必须在两色间添加软色。例如，搭配粉蓝色裙子和淡红色上衣时，腰间可加一条深蓝色腰带，显得软中有硬。这一句的主旨是配色时要注意色彩间的调和，对比强烈的色彩搭配时需要调入一定的近似色或同类深色。

要想精，加点青："精"有对比强烈、引人注目的意思。这句话的意思是，戏剧舞台上的女子或书生多用软色进行表现，由于没有硬色而缺乏对比，软色的特征不能得到充分表现，所以需要在人物的衣领、底衬、袖口等处加一个黑边，以此和娇嫩的粉面形成对比、衬托的效果，显出人物的精气神，如图4-177所示。这一句的主旨是配色时要遵循色彩表现的聚焦原则，用对比强烈的色彩来吸引观者的注意力。

图4-176 图4-177

红靠黄，亮晃晃：红黄搭配具有太阳、火焰的色彩意象，能给人一种热烈、神圣、光明的感觉。例如，戏剧舞台上的红袍黄项光、红柱黄幔帐、红袍绣黄龙、黄袍骑红马，都显得华丽、明耀。

粉青绿，人品细：这是舞台艺术中用以体现书生和女子俊秀、温柔气质的配色方法，用粉裙、青上衣、绿腰带或绿衣、青色裙、粉腰带体现人物的温和性格。

黑靠紫，不好使：紫色是非常难搭配的颜色，紫色的收敛、神秘感配上黑色的严肃、深沉感是非常压抑的，在民间年画或吉庆题材的民间绘画中比较忌讳将这两色搭配在一起，但并不是说紫色和黑色不能搭配，只是这两种颜色不容易搭配出好的视觉效果。

青紫不宜并列，黄白未可随肩：青紫和黄白都是明度差小的组合，缺乏张力，因此用这样的颜色进行搭配时，如果色彩面积均等，会给人一种乏味的感觉，不能吸引观者。

一幅画面好比一间屋子，总要开几扇天窗，否则就感觉发闷：即需要一个重色、一个亮色。亮色就是"天窗"，可以给人以通透感、呼吸感。

头色不过四，身色勿过三：本句强调的是要控制颜色的数量，颜色过多容易让人眼花缭乱。

提示

- -

像上述的配色口诀还有很多，这里进行讲解，除了希望能帮助读者理解色彩搭配的一些原则，还希望读者能以一个观察者、思考者的身份深入生活并从中学习、理解相关配色知识。

4.4.3　在线配色工具

在线配色工具能够帮助学习者提高配色效率。虽然辅助配色工具有很多，但是并不意味着使用得越多就越好，色彩搭配的根本在于对色彩原理、原则的理解，脱离自身理解、完全依赖工具是不可取的。下面推荐6个比较好用的工具。

第1个： 图形配色工具，如图4-178所示。这个工具主要用于为图标配色，设计用户界面时使用该工具能够提高配色效率。

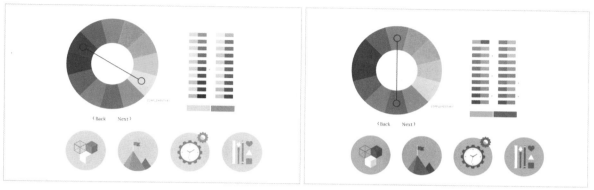

图4-178

第2个： Dribbble颜色过滤工具，如图4-179所示。Dribbble的颜色过滤功能直观地展现了其他设计师是如何使用特定颜色进行配色的，方便学习者借鉴优秀作品的配色。

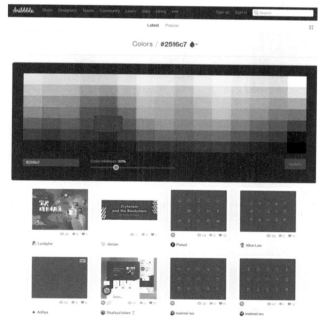

图4-179

第3个： 中国传统色配色工具，如图4-180所示。该工具提供了122种中国传统色彩，而且单击任意颜色都会出现相应的CMYK和RGB两种色彩模式的值。

第4个： 渐变色WebGradients配色工具，如图4-181所示。该工具共包含180种渐变颜色，这些渐变颜色都很漂亮，常用于用户界面设计、图标设计和插画设计中。

图4-180

图4-181

第5个：配色表工具，如图4-182所示。该工具可根据标签筛选色彩搭配，常在配色定调阶段使用。

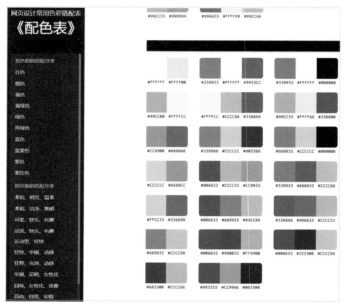

图4-182

第6个：RGB颜色值转换成十六进制颜色码工具，如图4-183所示。这是一个用于转换颜色表达形式的工具。

RGB颜色值转换成十六进制颜色码：

| 255 | 180 | 0 |

转换

十六进制颜色码转换成RGB颜色值：

#CC00FF 转换

颜色码对照表

颜色	英文代码	形象描述	十六进制	RGB
	LightPink	浅粉红	#FFB6C1	255,182,193
	Pink	粉红	#FFC0CB	255,192,203
	Crimson	猩红	#DC143C	220,20,60
	LavenderBlush	淡紫色	#FFF0F5	255,240,245
	PaleVioletRed	苍白的紫罗兰红色	#DB7093	219,112,147
	HotPink	热情的粉红	#FF69B4	255,105,180
	DeepPink	深粉色	#FF1493	255,20,147
	MediumVioletRed	适中的紫罗兰红色	#C71585	199,21,133

图4-183

第 5 章

察形观色：排版配色通关

突破排版和配色瓶颈的过程就是设计师化茧成蝶的蜕变过程。本章将通过 4 部分内容指出定位与审美是优秀设计作品的两个判断维度，通过实例阐述排版与配色在海报设计、UI 设计、电商设计中的应用，演示从音乐、照片或自然界中获取素材的方法，提出师法自然以激发艺术通感的主张。结尾部分将拓展介绍可帮助学习者学习与成长的辅助方式，希望学习者的设计之旅愉快而有所收获。

DESIGN
BUILDING BLOCKS

5.1 | 定位 与审美基线

设计师普遍害怕自己花费了大量时间制作而成的作品被客户否定，因此常纠结设计的"好坏"。本节将讲解判断设计"好坏"的标准。

5.1.1 "好"设计的判断标准

"好"设计到底有没有标准，如果有，又如何来界定呢？绝对意义上的"好"设计是不存在的，好不好本身就是一种群体共识，这种共识不是绝对不变的。但是相对的"好"设计一定是存在的，一个行业一定有着该行业的判断标准，这种标准被称为"行业基线"，可以通过以下两点来判断设计是否属于"好"设计。

• 定位准确的设计即"好"设计

抖音的Logo能给人一种强烈的视觉刺激感。从色彩维度分析，深色的背景与白色的图标和文字形成了强烈的明度对比，青色与洋红色为互补色，这样的色彩搭配非常具有刺激性，且这样的配色与抖音的定位相匹配，如图5-1所示。

图5-1

从图标造型上分析，图标简洁，像是一条在空中扭转、运动的曲线，非常具有动感和延展性，图标造型整体呈"d"形，与产品名的拼音首字母相呼应，其负形为"音符"造型。"音符"造型显然与音乐短视频行业相匹配，"d"字造型与音符的结合又能够与产品名称相匹配，图标造型与产品的多个属性相吻合，其定位是非常精准的。

提示

正负形是由图底关系（Figure–ground）转变而来的，又被称为卢宾反转图形。例如，在图5-2中，白色部分的形象为杯子，黑色部分的形象为人像；白色部分为正形，黑色部分为负形。

图5-2

如果抖音想重新设计一款既符合产品定位又能体现产品特征，且足够简洁、美观的图标来取代现有的Logo，这绝对不是一件容易的事情。新图标构思如图5-3所示。

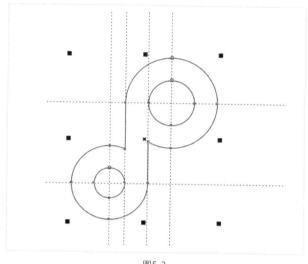

图5-3

另一个定位精准的"好"设计是支付宝App的蓝色Logo，它使用了非常简洁的"支"字形，这个Logo给人一种非常简洁、轻松的感觉，如图5-4所示。对比支付宝早期的Logo，不难发现，改版后的用色和造型更简洁，单一的蓝色能让人觉得更轻松，蓝色作为普适性极强的颜色，能给人以安全感，如图5-5所示。支付宝是一款常被高频使用的金融类App，使用纯粹的蓝色能够增强其作为金融产品所追求的安全感和稳定感，简洁、轻松的蓝色也不会给用户的视觉带来负担。

图5-4

图5-5

● 遵循一般审美原则与美学规律

一件设计作品是否美，每一个人都有自己的感受，然而审美因人而异，有人以瘦为美就有人以胖为美，故没有绝对的审美标准。设计师不能把自己的审美观念强加给客户，因为客户不会买账，当然也不能因为迁就客户的审美观念而完全违背自己的审美观念，违心的设计作品和设计过程一定是糟糕的。在没有绝对的审美标准的现实情况下，要做到两全其美是比较困难的，解决这个问题的关键是以相对的审美标准来统一个体审美观念的差异。

那么审美的相对标准又是什么呢？有人认为《大卫》所展示的男性身材很美，有人认为《说唱俑》所展示的"胖萌"身材很美，如图5-6所示。但是在一个文化群体中，如果主流的审美都认为前者所展示的身材比后者的身材更美，那么就形成了群体的共识，这就是审美相对标准的第1个维度——一般审美原则。

图5-6

由此可知，"美"的共识本身是群体意识在尺度方面达成的共识。卡尔·马克思在《巴黎手稿》中论证了人的对象化劳动实践，就是把主体人的内在尺度运用到对象上，达到主体与客体的统一，创造出符合自己需要的理想实用对象和审美对象。他还指出，美是审美主体和审美客体关系中的存在物，它以有意义、有价值的方式存在。另外，他认为功利的善和愉悦的美都是以人的实践为基础的，美是人的本质力量的对象化，只有对象中有活生生的人之感情的形象显现，才能成为审美感受、产生美的体验。

卡尔·马克思的论证文字读起来不那么通俗易懂，笔者的解读是美是在劳动实践中产生的，是人们主观、客观统一作用的结果，美的关键在于尺度；唐人以胖为美，宋人以瘦为美，这都是在劳动实践中的群体在不同时间形成的对尺度的一般审美原则。

群体的一般审美原则因时代的不同、地域的差异会有所变化，但是已经可以用于统一审美分歧。在一般的群体审美原则中，有一些因素相对易变，如胖瘦等；具有黄金比例的审美因素却因稳定性极强而不易改变，如《巴特农神庙》和《蒙娜丽莎》，如图5-7所示。大自然中遵循黄金比例的事物具有天然的和谐感，如鹦鹉螺、螺旋星云等，如图5-8所示。

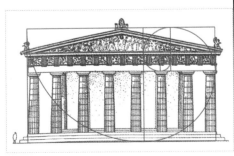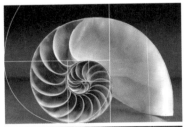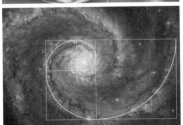

图5-7

图5-8

类似黄金比例这样稳定性极强的一般审美原则，可以称为美学规律，在现代设计中需要遵循这些规律来进行造型设计、排版和配色等创作行为。

这种美学规律当然不止黄金比例一个，还包括白银比例、对称平衡等。综上所述，"好"设计的第二条判断标准是遵循一般审美原则与美学规律。一件定位精准且遵循一般审美原则和美学规律的作品，就可以称得上是"好"设计。

5.1.2　平衡两个审美维度

亚瑟·叔本华说："生命是一团欲望，欲望不能满足便痛苦，满足便无聊，人生就在痛苦和无聊之间摇摆。"这句话挑明了人性"矛盾"的特点，这种矛盾存在于人们的审美中。人有两个相矛盾的审美维度：一方面喜欢有秩序的事物，秩序可以带来稳定感和流畅感，但绝对的对称、完整和秩序又让人感到沉闷与无聊；另一方面又喜欢无序的事物，随机性可以带来刺激感和好奇感，但绝对的无序又会让人感到突兀、不适。

例如，在图5-9所示的玫瑰花图像中，如果这朵花所有花瓣的大小和形状都相同，人们能够从中感到美吗？人们只会感到非常呆板、无趣。如果花瓣不是从中心向四周呈散发式、由小到大、由紧到松地展开，而是所有花瓣的形态、大小和方向等都是无序的、忽大忽小的、参差不齐的、错乱突兀的，人们也感受不到玫瑰的和谐与美观。

图5-9

在图5-10中，左图中的图案排列得整齐有序，但是给人的感受是呆板无趣；右图中这些编排在一起的文字则是完全错乱无序的，让人觉得不知所措、突兀且难看，两者分别展现了绝对的秩序感与绝对的随机感。

图5-10

人们的审美特点是既不喜欢绝对的秩序感，又不喜欢绝对的随机感，能让人们产生美感认同的是既具有秩序美感，又具有随机美感的作品。秩序与随机本身是一组矛盾的概念，美的尺度是秩序美和随机美的平衡，人们追求"美"的过程本质上是追求随机美与秩序美的平衡点的过程。例如，黄金比例就是人们在追求对象比例关系的随机美与秩序美的过程中所求得的平衡，这个平衡是1∶0.618，如图5-11所示。

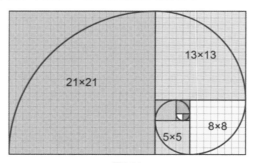

图5-11

　　自然界中鹦鹉螺相邻的两个分瓣的比例关系大约是1∶0.618，如图5-12所示，玫瑰花相邻的两个花瓣的比例关系大约是1∶0.618。人们在进行创作时应遵循"师法自然"这一原则。

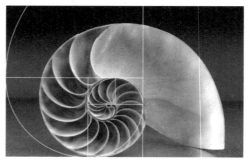

图5-12

　　在设计过程中，人们总是既在秩序中寻找变化，又在变化中寻找秩序，这是设计中的一般辩证过程。这一辩证过程不仅限于设计范畴，所有的艺术创作中都存在着这一过程。例如，文学创作中有一句话叫"文似看山不喜平"，意思是如果读者看一本小说或一部戏剧，从开头就已经预测到结果和情节演变的过程，那么这样的小说或戏剧就很难做到扣人心弦，让人欲罢不能或回味无穷。但如果让人完全看不懂，所有的情节和逻辑都不能被理解，那么读者就会一头雾水，无所适从。

　　这个平衡甚至对设计师的定位有启发价值。梵·高的作品在他活着时没有人愿意花巨资购买，他一生只卖出了一幅画，这是因为他的作品的价值并不能被主流市场认可，他的艺术脱离了时代。人们就像在看一部看不懂的电影，很多年以后人们读懂他的作品时才觉得他太特别、太让人惊喜了。同样作为艺术家的巴勃罗·毕加索却在活着时名利双收，得到了主流市场的认可与推崇。原因在于，梵·高没有找到他的艺术与他所处时代的平衡点，而巴勃罗·毕加索则幸运地找到了这个平衡点。

　　毫无疑问，梵·高这样精神上的巨人从世俗层面上讲是一个失败者，作为设计师，没有人愿意经历梵·高那样的坎坷人生，因此需要找到设计追求与市场认可的平衡点。齐白石论绘画时说："太像为媚俗，不像为欺世。"这一观点对找到审美平衡点与找到自己的定位都非常有借鉴意义。

5.1.3 定位与风格

风格是什么？汉语中的"风格"一词在《抱朴子》中指人的风度、品格，在《文心雕龙》中指文章的风范、格局，在唐代的绘画史论著作中"风格"用作品评绘画艺术的词。风格是作品不同于其他作品的显著表现，这种不同在设计上的外在表现为色彩、造型和元素等具有差别，而这些外在表现是作品内涵的延展。风格所体现的是作品的独特性，它丰富了群体文化的多样性和个性化。

设计师会面对不同喜好的客户、不同定位的品牌和有不同设计需求的产品，因而掌握多种设计风格的表现手法是其设计表现能力的体现，除了要掌握常见风格的表现手法，还要梳理清楚每种风格与设计定位间的关系。

风格的分类方法有很多种，按地域区分，有国潮风格、北欧风格和日式风格等；按时间维度区分，有复古风格和现代风格等；按表现元素区分，有剪纸风格、版画风格、水墨风格和像素风格等；按艺术流派区分，有表现主义风格和极简主义风格等。风格分类的维度无穷尽，风格也无穷尽，甚至可以根据创作者的名称来命名一种风格。设计师在设计应用中不需要掌握所有的风格，只需要对当下流行的风格进行梳理，了解其文化属性，并将其文化属性与自身的设计需求匹配即可。

如果客户要用中国瓷器进行设计，并要求设计作品要体现东方美学"静美"的特点，那么可以考虑使用国潮风格，至于是使用水墨来表现还是使用剪纸来表现则要进一步根据设计需求来确定，示例效果如图5-13所示。设计对象的定位与设计风格是在进行排版、配色前就要考虑的。

图5-13

风格是群体文化演进过程中的产物，是变化的、个性化的，可能会在某一时期引起很多人的共鸣，也可能在某一时期就被人遗忘在角落，但鲜明的风格特征无论在何时，都能给人以新鲜感和刺激感。

5.1.4 设计表现力的x、y、z轴向

风格不是判断一个设计作品优劣的标准，但是能够驾驭多种风格是设计师表现能力的证明。一个优秀的设计师要能对设计对象进行精准定位并遵循一般的审美原则和美学规律进行创作，这是设计师表现能力的"深度"，熟练运用多种风格是表现能力的"广度"，经年累月积累起来的经验与专业直觉则是表现能力的"厚度"，如图5-14所示。毫无疑问，要想"功力深厚"，就得从这3个维度上来提高自己，但是这3个维度对设计师的意义和作用是不一样的。

图5-14

第1个：设计表现的"广度"。设计师可以掌握日式风格的表现手法，也可以不掌握这种表现手法，这并不妨碍设计师从事这一行业。如果把设计师比作一个厨师，厨师只掌握一种烹饪手法，并不妨碍他成为一名优秀的厨师。事实上设计师不可能将所有的表现手法都掌握，有会的就有不会的，有擅长的就有不擅长的，做擅长的即可，所以设计表现的"广度"不是设计师发展的必要条件。

第2个：设计表现的"厚度"。厚度基于经年累月的积累和专业的设计直觉，一个刚入行的设计师与一个从事设计工作20年的设计师相比，"厚度"当然不一样，但这并不意味着后者一定比前者更有"厚度"，一个人只有在自己所从事的这个有限的领域内不断做正确的总结和成长才会有积累；如果只是机械地重复，那么即使重复一辈子也不会实现真正的"厚度"。

这种"厚度"在设计工作中的具体表现为，有积累的设计师能够更快、更精准地定位，能够更老练地把握设计中各要素的尺度，能让设计项目更顺利地完成；而青涩的设计师则可能会显得迟钝或拿捏不准画面的尺度。"厚度"需要个人不断地总结与积累，不能够速成。

第3个：设计师设计表现力真正的瓶颈是"深度"。排版和配色的能力就是属于这一维度的表现能力，不论是制作一张海报还是一套包装，不论是制作一个App界面还是游戏界面，不论是使用极简风格来表现还是使用建模渲染的方法来表现，只要配色不佳、排版错乱，那么这个作品一定会给人带来不美观的感觉，这就是设计表现的"深度"，这一维度是支撑设计师专业能力的关键。没有掌握好排版与配色的原理与原则，就如同建设一座没打好地基的房子，可能盖到第2层就垮了，不能盖得更高。

5.1.5 为什么排版与配色难学

许多初学者会发现，学习一款设计软件时，通常不会存在学习某个工具的使用步骤而学不会的情况，因此学习表现风格也不存在掌握了表现方法、抓住了风格特征而表现不出来的情况。这是因为在学习软件工具的使用方法和风格的表现方法时，学员只需要跟着老师进行程序化的操作即可，而配色与排版的难处在于，即使照着老师所演示的步骤把一张排版与配色都非常优秀的海报做出来了，在面对下一个设计时，仍然会不知从何下手。因为下一个设计不会是制作一张一模一样的海报。这就需要具有对排版、配色进行系统分析和运用的能力，这种能力直接体现为在面对复杂设计需求时，具备"灵活应变的能力"，这就是设计学习中的难点。

要求设计师具备"灵活应变的能力"的根本在于要具备系统的观察、分析和表现能力，这是完成设计作品的一般过程，在这个过程中系统性正是关键所在。前面4章已经阐述了排版与构成的关系、构成与视觉心理的关系、配色与色彩心理的关系、视觉心理与人的行为和生理上的一些关系，但是这些系统性的关联可谓学无止境，值得设计师以后不断地进行探索。

强调这一点的意义是为遇到排版与配色"瓶颈"的读者解惑，很多初学者陷在排版错乱无章、配色丑陋的泥潭里时会不禁怀疑自己是否有学习设计的天赋，设计师是不是必须要具备某种天赋才能胜任，为什么老师讲的排版理论自己虽然认真听了，也能够临摹得一模一样，但还是不能够在面对复杂的设计需求时做到融会贯通。这里给那些自我质疑的读者一句忠告：不必怀疑自己是否具备某种天赋，只要不是医学上的色盲，就能够做好设计。之所以不能做到灵活应变、融会贯通，有以下两个原因。

第1个：对排版和配色背后的系统知识了解得太浅。只有"多看"开阔眼界，再"多想"获得理论上的提升，才能解决这个问题。如果把一个设计师比作一棵树，树冠就等同于设计师的表现能力。有些树长得枝繁叶茂，而有些树却弱不禁风，明明是相同的树种，为何会有这种区别呢？这就要看两棵树的根部有何不同，枝叶繁茂的树在泥土之下有庞大、发达的根系，而弱不禁风的树在泥土之下可能有受损的根系，树根的深浅就等同于设计师的眼界、系统分析与解决问题的能力，如图5-15所示。

图5-15

第2个：练习得太少。"多练"是解决途径，只有进行有针对性的刻意练习，才能把"多看"所积累的系统观察能力与"多想"所积累的系统分析能力应用起来，从而形成系统的表现能力。

可以把突破这一瓶颈的过程分为5个环环相扣的步骤，每一步都存在递进关系，希望能帮助处于这一瓶颈期的读者较快地实现突破，如图5-16所示。

图5-16

第1个：多看优秀的设计作品，积累参考素材并进行分类整理。

第2个：有针对性地分析作品的构成、排版、配色所涉及的设计原理与原则。

第3个：进行临摹练习。

第4个：修改临摹作品的排版、配色和元素等，且保证修改后仍能保持良好的视觉效果。

第5个：重构设计作品，以创意思维创作原创作品。

在进行临摹练习前一定要从排版、配色等维度对被临摹作品进行全面、系统的分析，只有这样操作，才能从中吸取"营养"；且分析得越透彻，吸取的"营养"越丰富。很多读者只是临摹了作品的形，虽然结构也能够临摹出来，却没有学习到其中的"意"，所以临摹完成后除了技法熟练一点外不会有更多的成长，这是很多人学不好排版、配色的常见原因。

5.2 | 形色相彰：
实例解析与改稿

结合排版和配色理论对实际案例进行解析，充分解析后进行设计和改稿，这是形成专业能力的必然过程。本节将通过海报设计、用户界面设计、电商设计3个典型实例阐述"解析、设计、改稿"的过程。

实例：海报设计解析与改稿

用Illustrator打开"素材文件＞CH05＞实例：海报设计解析与改稿"文件夹中的"当代号角.ai"文件，如图5-17所示，在本张艺术展览海报中，画面给人一种单调且混乱的感觉。根据前面阐述的"解析、设计、改稿"步骤，对海报进行解析。解析画面排版，可使用排版四原则（亲密性、对齐、对比、重复）与同频原则、平衡原则等。

图5-17

• 海报设计排版与配色解析

从亲密性原则的角度进行分析。画面信息组的层次关系不合理，可以把信息分为3个组，红色区域代表第1组，蓝色区域代表第2组，绿色区域代表第3组，根据内容的重要程度划分，合理的关系应是红色（主题）＞蓝色（展览时间）＞绿色（其他信息）；而画面中实际呈现的关系为蓝色（展览时间）＞红色（主题）＞绿色（其他信息），如图5-18所示。文字信息组之间的距离过于平均，没有拉开梯阶感，使整个画面的节奏显得松散，如图5-19所示。

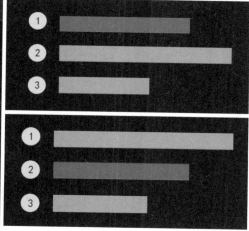

图5-18

图5-19

　　从对齐原则的角度进行分析。信息组间没有对齐，主题文字组左对齐，而下方低一层级的文字与主题文字组属于一个大的组块，但是它们的对齐方向相反，产生了紊乱感，如图5-20所示。

　　从对比原则的角度进行分析。画面中的文字有着方向上的对比、文字大小的对比，但是缺乏字体的对比、字重的对比，以及颜色和虚实的对比，画面色彩与元素的对比也非常单薄，图5-21所示。

图5-20

图5-21

从重复原则的角度进行分析。画面中除了文字本身有着行与列的重复，缺乏其他构成元素的重复，画面缺少韵律感而显得生硬，如图5-22所示。

从色相的角度进行分析。文字颜色非常单调，"号角"图案只有一个单调的绿色描边，这样的配色让画面缺乏视觉张力，如图5-23所示。

从同频原则的角度进行分析。画面中"号角"图案的绿色描边显得非常突兀，画面中没有其他颜色与之呼应，如图5-24所示。

| 图5-22 | 图5-23 | 图5-24 |

从平衡原则的角度进行分析。画面深色背景与浅色文字间虽然有中间色进行过渡（背景色周边区域），但是层次不够，文字和号角元素也因为过于简单而缺少过渡，如图5-25所示。

从画面元素视觉质量的角度进行分析。文字与图形都不够吸引人，如图5-26所示，需要塑造一个和主题更贴切、更能营造画面美感的元素。

| 图5-25 | 图5-26 |

通过以上分析，可知海报设计排版与配色的调整方向有以下3个。

第1个： 调整信息组间的关系并拉开对比，拉开信息组间的距离梯阶感，对文字组与元素进行重复，以加强画面的韵律感。

第2个： 保留画面的明度对比关系，但是要丰富色相的层次，以实现色彩的同频与平衡。

第3个： 使用3种字体，拉开文字间的对比关系；重新塑造主视觉元素"号角"。

海报设计排版与配色改稿

01 在浅色背景的版心区域设置深色背景，形成层叠关系。置入主题文字组，注意中英文对比、文字的大小对比，让文字组左对齐。置入第2组文字和第3组文字，注意把控组与组之间的距离，主题文字组的视觉权重要大于其他两组文字，效果如图5-27所示。

图5-27

02 为了让画面分割得更有美感，遵循黄金比例原则将第1组文字（主题）和第3组文字（其他信息组）置于画面左侧，画面宽度与文字宽度的比例约为1：0.618，第2组文字则置于画面右上方，效果如图5-28所示。注意对左右信息组之间距离的把握，以及每一组信息的左对齐关系；右下角则留出一个相对空旷的区域，形成一定的留白，给予画面透气感，效果如图5-29所示。

图5-28　　　　　　　　　　　　图5-29

03 调整第1组文字（主题）的距离关系，并且加入一段字体较小的英文，以增强文字的大小对比，效果如图5-30所示。调整第3组文字（其他信息）的距离关系，增强整体感，如图5-31所示。调整第2组文字（展览信息）的距离关系，将"开幕"两个字竖排，让英文分两段排，这样既能增强文字方向的对比，又能更好地对齐文字，增强画面的整体感，效果如图5-32所示。

图5-30

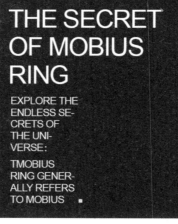

图5-31

图5-32

04 画面右下角显得有些空，并且画面的3个信息组形成了大中小3个"面"，缺乏"点"元素和这3个"面"元素形成构成上的层次，因而置入"01"文字，调整文字大小并将其放置于右下角，起到撑开画面框架、丰富视觉层级和填补右下空白的作用，整体调整画面中的3个组和"01"点元素间的距离，保持四周对齐，效果如图5-33所示。

05 画面中的中文和英文缺乏字重、字体上的对比，可以调整文字字体，数字和英文使用"阿里巴巴普惠体"字体的粗体、细体和正常体，中文则使用"阿里巴巴普惠体"字体的粗体和细体，效果如图5-34所示。

图5-33

图5-34

06 在"01"上方置入一根短线,用来装饰画面和形成画面点线面构成中的"线"层级,效果如图5-35所示。右下角还是稍显单薄,并且画面中缺少曲线元素,加入圆环并旋转,使其环绕"01",再置入一个较小的圆形,将其放置于环绕线上,形成局部的"点线面"构成,效果如图5-36所示。

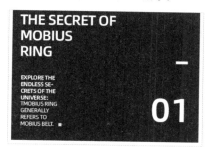

图5-35　　　　　　　　　　　　　　图5-36

提示

"01"在这里是面元素,圆环是线元素,小圆形是点元素。倾斜的圆环打破了整个画面的呆板感,如图5-37所示。

图5-37

07 左下方的文字组看起来太抢眼,要降低其视觉度。将左下方字号较大的英文设置为描边文字,以减轻字重,达到降低其视觉度的目的,效果如图5-38所示。

08 使用Illustrator中的三维功能来塑造"号角"元素,选择"钢笔工具" ,绘制一条"描边"为"1像素"的白色(R:0,G:0,B:0)曲线,效果如图5-39所示,选中该曲线后执行"效果>3D>绕转"菜单命令。

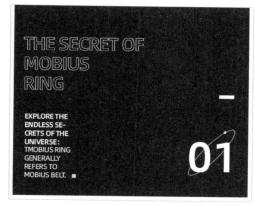
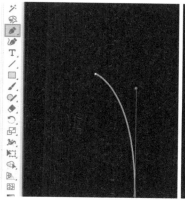
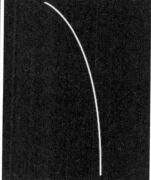

图5-38　　　　　　　　　　　　　　　　　图5-39

09 在弹出的"3D绕转选项"对话框中可以看到，曲线已经变成了一个实体，如图5-40所示。设置"自"为"右边"，得到一个喇叭状的旋转体，如图5-41所示。

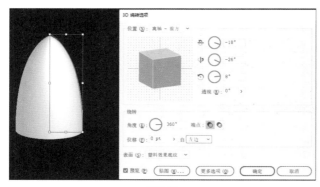 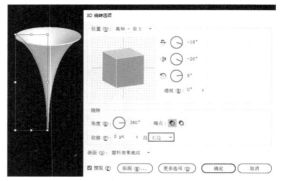

图5-40　　　　　　　　　　　　　　　　　　图5-41

10 单击"确定"按钮，完成创建。将"号角"元素放入海报并调整其位置，使其位于相对空旷的区域，并且和文字有少量的重叠，形成层次和嵌接关系，从而达到加强整体感的目的，效果如图5-42所示。

图5-42

11 为了让号角这一主视觉元素更加丰富，可以为其添加贴图。先输入多行英文"CONTEMPORARY ART HORN"，如图5-43所示。绘制一个矩形并复制多个，调整矩形的大小，将它们分别放置于每行文字上，以遮挡部分文字，效果如图5-44所示。

CONTEMPORARY ART HORN
CONTEMPORARY ART HORN
CONTEMPORARY ART HORN
CONTEMPORARY ART HORN
CONTEMPORARY ART HORN

图5-43

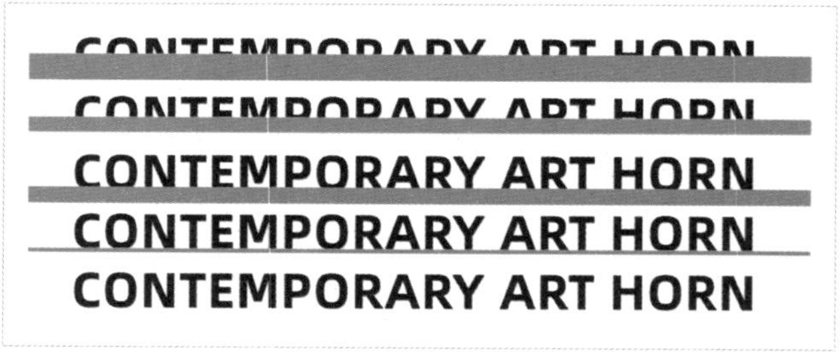

CONTEMPORARY ART HORN
CONTEMPORARY ART HORN
CONTEMPORARY ART HORN
CONTEMPORARY ART HORN
CONTEMPORARY ART HORN

图5-44

⓬ 选择这些文字并执行"对象>扩展"菜单命令，选择所有的矩形和文字后单击"路径查找器"面板中的"减去顶层"按钮◻（注意矩形必须放置于文字层上），如图5-45所示。

⓭ 将处理后的文字组拖曳到"符号"面板中，在弹出的对话框中设置符号"名称"为"文字"，单击"确定"按钮，如图5-46所示。这样就把这个文字组定义为可用于模型贴图的纹理了。选中号角后在"外观"面板中单击"3D 绕转"按钮，如图5-47所示。

图5-45　　　　　　　　　　　　　　　　　　　　图5-46

图5-47

⓮ 在弹出的"3D绕转选项"对话框中单击"贴图"按钮，打开"贴图"对话框，如图5-48所示。

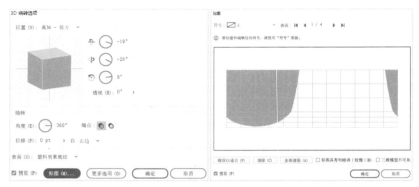

图5-48

15 对照预览效果,在"表面"为"1/4"时单击"符号"下拉列表框,在打开的下拉列表中选择刚刚定义的"文字"选项,将贴图置于模型的外表面,调整贴图的大小与位置,如图5-49所示。

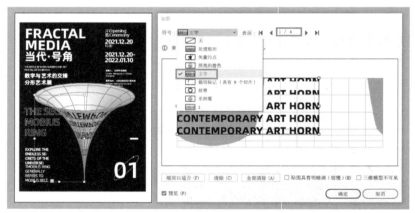

图5-49

16 设置"表面"为4/4,再次设置"符号"为"文字",将贴图置于模型的内表面,调整贴图的大小与位置后单击"确定"按钮,如图5-50所示。添加贴图后丰富了号角的视觉效果,同时重复的文字增强了画面的韵律感,体现了对重复性原则的应用,效果如图5-51所示。

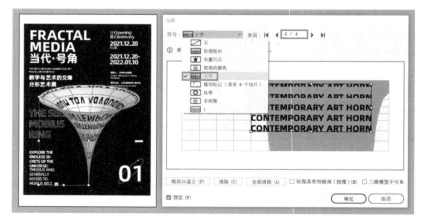

图5-50

图5-51

17 在背景的上部和下部各加入两行文字作为画面构成中的"线"元素，同时它们位于海报的4个角，可撑起画面；这部分文字还有一个作用是丰富层次，让版心中的深底浅字与版心外的浅底深字形成对比，效果如图5-52所示。

图5-52

18 当前画面中完全没有色彩，视觉效果有点弱，可以加入一些蓝色来丰富画面，并让不同的蓝色呈对角线分布，以增强画面的视觉张力，效果如图5-53所示。对比改稿前后的效果，如图5-54所示。

图5-53

图5-54

—— 技术专题：重构颜色 ——

可以试着对画面中的颜色进行重构，只要遵循基本的构成原理、原则就能够调整出相对协调的效果，如图5-55所示。如果需要比较多个色稿，可以选择所有对象后执行"编辑 > 编辑颜色 > 重新着色图稿"菜单命令，在"重新着色图稿"对话框中选择对应的颜色后，在下方修改颜色的HSB值，即可实现快速重构配色，如图5-56所示。如果想改变"号角"的颜色，只需选择"号角"后在界面上方修改线条的描边或填充颜色即可，如图5-57所示。

图5-55

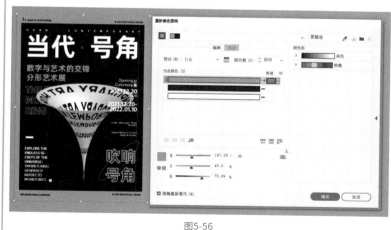

图5-56

图5-57

实例：用户界面排版解析与改稿

图5-58所示的网页让人感觉视觉冲击力不足。继续按照"解析、设计、改稿"的步骤，对页面进行解析与改稿。

图5-58

用户界面排版与配色解析

从亲密性原则的角度进行分析。画面中的信息分组是清晰的，可以把信息分为3个组，这3个信息组在画面中的视觉权重太低，较难吸引用户的注意力，如图5-59所示。

图5-59

从对齐原则和对比原则的角度进行分析。虽然元素的对齐关系是合理的，但是信息组间的层次单调、缺乏对比，画面看起来非常空洞、乏味。另外使用了相同的字体，导致画面缺乏字重、字体等多个维度的对比。画面中除了文字菜单的重复，基本上找不到其他重复，整体缺乏韵律感。

从色彩构成的角度进行分析。画面的色调是蓝黑的，没有与之相对抗的其他颜色，蓝色与黑白两色的搭配让画面显得缺乏活力、过于严肃。虽然画面中的色彩构成呼应，但是色彩的对比只有蓝色的深浅对比，缺乏色相对比，纯度的对比也没有得到体现，如图5-60所示。

图5-60

从画面元素视觉质量的角度进行分析。文字字体缺乏对比和形式感，所用的图片内容为高山，虽然气势恢宏但缺少细节，且图片颜色比较压抑，这些都是画面视觉效果缺乏活力的原因，如图5-61所示。

图5-61

通过以上分析，可知用户界面排版和配色的调整方向有以下3个。

第1个： 拉开画面的疏密关系，增加主标题信息组的视觉权重，让信息组之间的大小关系形成梯阶感；为信息层制作叠压效果，加强其对比关系。

第2个： 加入暖色，使其与图片的冷色形成对比，并增强画面的视觉张力，细节上要注意颜色的呼应。

第3个： 从字体上拉开颜色、粗细等对比关系，使用更纯净并拥有细节的图片替代原图片。

• 用户界面排版与配色改稿

01 使用Photoshop新建一个1920像素×1080像素的白色背景，按快捷键Ctrl＋R调出标尺，并拖曳出参考线，如图5-62所示。为了让画面的分割更有美感，这里使用三分法（黄金分割）构图，效果如图5-63所示。

图5-62

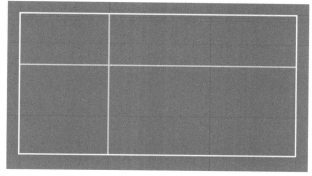

图5-63

02 在下部网格区域内绘制一个矩形作为放置图片的区域，上部为文字与留白区域，保证图版率为70%左右，这样画面既有主次之分又有透气感，如图5-64所示。置入"素材文件＞CH05＞实例：用户界面排版与配色改稿"文件夹中的"眺望.jpg"文件，将其拖曳到矩形图层上方；单击鼠标右键，在弹出的快捷菜单中执行"创建剪切蒙版"命令，将图片置入矩形区域，效果如图5-65所示。

图5-64

图5-65

03 选择"眺望"图片，按快捷键Ctrl＋T对其进行自由变换操作，然后单击鼠标右键，在弹出的快捷菜单中执行"水平翻转"命令，效果如图5-66所示。

图5-66

04 画面看起来右侧重而左侧轻，根据平衡原则将主题信息组置于图片左上方，输入文字"C4D专项100Day"并调整文字的大小，效果如图5-67所示。文字不能太高于图片，也不能放置于图片上，前者会让图片和文字缺乏嵌接关系而失去整体感，后者则会让画面的左上角过于空洞，如图5-68所示。将文字置于图片的左上方能较好地形成视觉平衡。

图5-67

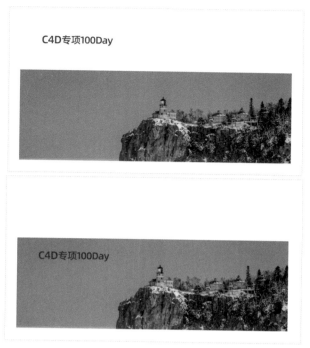

图5-68

05 在主题文字组上方输入"－01"作为点元素，与下方的主题文字组形成层次对比，将"－01"调小，效果如图5-69所示。设置中文"字体"为"阿里巴巴普惠体"，设置英文和数字的"字体"也为"阿里巴巴普惠体"，选择合适的字体对设计整体调性的把控有着非常重要的作用，如图5-70所示。

图5-69

图5-70

06 需要注意在字号相同的情况下英文与数字要比中文小一些，因此需要把英文与数字的字号调大5号，以维持与中文的视觉平衡。因为需要强调关键字"C4D"，所以设置其"颜色"为橙色（R:234，G:86，B:10），效果如图5-71所示。

图5-71

提示

设置关键字的颜色为橙色的原因有以下3个：第1个是关键字需要用鲜艳的强调色来强化；第2个是图片中的房子是土黄色的，综合考虑，选择比土黄色更明朗的橙色作为强调色比较合适；第3个是使用橙色作为强调色可以和画面中的蓝色形成对比，增强色彩搭配的张力，效果如图5-72所示。

图5-72

07 将"素材文件＞CH05＞实例：用户界面排版与配色改稿"文件夹中的"Logo.png"图片拖曳到文档中并调整好大小，将其放置在版心区域的左上角，且与下方图片左对齐，效果如图5-73所示。

图5-73

08 选择"矩形工具" ▭，绘制一个矩形并复制两个，调整矩形大小后将它们置于画面右上角并与下方图片右对齐，效果如图5-74所示。至此，已经在网站页面版心区域的上、下、左、右4个角处都置入了元素，撑起了画面框架，效果如图5-75所示。

图5-74

图5-75

提示

画面下部为整个视觉构成中的面元素，是画面主体；上部的Logo与菜单图标为视觉构成中的点元素。虽然画面中已经有了大小层次和疏密层次，但是缺少线元素，画面显得有些孤立、松散，同时画面右上角稍显空洞，如图5-76所示。

图5-76

09 输入菜单文字，调整间距，设置中文字体和英文字体为"阿里巴巴普惠体"，英文作为装饰要设置得比中文小一些，如图5-77所示。如果文字的颜色太深，且中、英文颜色一样，会缺少层次感，设置中文的"颜色"为深灰色（R:102，G:102，B:102），设置英文的"颜色"为灰色（R:193，G:193，B:193），形成文字的层次感，效果如图5-78所示。

图5-77

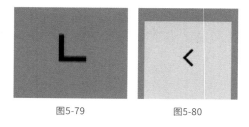

图5-78

10 整个页面的大框架已经形成，接下来调整细节。首先来绘制轮播图标。绘制一个3像素×15像素的矩形，设置"颜色"为深灰色（R:51，G:51，B:51），复制该矩形后旋转90°，使两矩形组成"L"形，如图5-79所示。

11 选中两个矩形后按快捷键Ctrl＋E将它们合并，再将它们整体沿顺时针方向旋转45°，并在下方绘制一个白色矩形作为底色，设置白色矩形的"不透明度"为"80%"，效果如图5-80所示。

图5-79   图5-80

12 选择箭头形状与白色矩形后按快捷键Ctrl＋G将它们打包为组，按快捷键Ctrl＋J复制该组后按快捷键Ctrl＋T进行自由变换操作，单击鼠标右键，在弹出的快捷菜单中执行"水平翻转"命令，调整好两个轮播图标的位置，效果如图5-81所示。

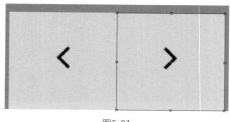

图5-81

13 将轮播图标放置在图片的右下角，一方面撑起了右下角并与左上方的文字形成了对角线平衡，另一方面打破了画面大面积使用矩形的呆板感，起到了丰富层次的作用，效果如图5-82所示。

图5-82

14 画面整体的布局是上文下图、图多文少，做到这一步发现整个画面的整体感不够，图文各占一块空间，缺少联系。为了改变这种状况，可以输入一段英文"THE SECRET"，将其放置于右侧图片与文字之间，设置"字体"为"阿里巴巴普惠体"，分三列竖向排列，效果如图5-83所示。

图5-83

15 将英文调大一些，将其设置为"橙色"，使其与"C4D"的颜色形成呼应，加强对比的同时也进行了调和；文字同时在白色层和下方的图片层上，将整个画面的上下两部分有效地关联了起来，加强了整体感，同时也增强了对比，效果如图5-84所示。

图5-84

16 为了增强英文的装饰感，可以为文字图层添加一个蒙版，选择"多边形套索工具" ✈，绘制两个斜的四边形选区，如图5-85所示。在"图层蒙版"中填充选区"颜色"为黑色，以隐藏选区中的图像，进行处理后文字的装饰感增强了，更能吸引用户的注意力，如图5-86所示。

图5-85

图5-86

17 选择"矩形工具" ▭，制作出箭头图形（方法同轮播图标的制作），效果如图5-87所示。白色箭头一方面与上方主题文字形成一个信息组合，丰富了层次；另一方面有效地把画面上半部分的浅底深字与下半部分的深底浅色图标"嵌接"成了一个整体，可谓一举多得，效果如图5-88所示。对比重构前后的设计稿，如图5-89所示。

图5-87

图5-88

图5-89

技术专题：使用左文右图的方式重构页面

还可以使用左文右图的方式再次重构这个页面，步骤如下。

绘制一个矩形，矩形宽度大约为整个画面宽度的0.618倍（黄金比例）。置入一张干净、合适的图片，调整大小、位置后将其放置于矩形图层上方作为剪切蒙版，如图5-90所示。

置入主题文字"分形社C4D专项企业委培"，文字分为两段且贴近图片边缘，主题文字放置的位置遵循黄金分割比例，文字上方的区域与文字下方的区域面积比例接近0.618：1，如图5-91所示。调整文字的大小和字体后输入一段小字"——海浪精品课"，与大字形成对比关系，如图5-92所示。将Logo置于左上角，将菜单图标置于中间，在左下角输入"IT'S A TAPE WISTING"装饰文字，将这3个元素左对齐，以较好地撑起画面左侧，如图5-93所示。

图5-90

图5-91

图5-92

图5-93

在主题文字下方输入一段英文作为装饰，以起到丰富信息层次的作用，让画面左侧不至于过于单薄，如图5-94所示。将轮播图标放置于图片左下角并对齐，以打破大面积矩形的呆板感并强化层次感，如图5-95所示。

图5-94   图5-95

在画面右侧输入一列竖排文字"THE SECRET MOBIUS RING"，调整文字的高度，使其与图片的上下两端齐平，作为线元素强化画面的整体感，如图5-96所示。在文字中间绘制一个圆圈并在圆圈中输入"01"文字，作为轮播页面的序号，如图5-97所示。这个点元素丰富了画面层次，让画面右侧更有层次感。整体调整效果如图5-98所示。

图5-96   图5-97

图5-98

实例：电商设计排版解析与改稿

再来看一个电商海报，该海报给人一种比较花哨的感觉，缺乏形式美感，层次不清晰，如图5-99所示。

图5-99

● 电商设计排版与配色解析

从排版的角度进行解析。信息的分组没有问题，但是主题信息组中的行距太大。从对比原则角度来看，文字的对比不够，主题文字只有大小的对比，文字的对齐也有问题。

从色彩的构成上分析。画面"花""乱"不仅是因为颜色多，还因为信息组之间的层次不清晰。在明度上，浅色文字在深色背景中可以更明显，但是这张海报的文字底部有多种亮色，文字组与背景层的视觉层次混乱，如图5-100所示。

图5-100

从画面元素视觉质量的角度进行分析。画面中的元素缺乏质感，主题文字缺乏吸引人注意的特征；且产品放置于花哨的背景中，其视觉度被减弱了。

通过以上分析，可知电商设计排版与配色的调整方向有以下3个。

第1个： 塑造主题文字，将背景处理得简洁一些。

第2个： 选择一个更有质感的产品图进行挖版处理，以更好地提高其视觉度。

第3个： 调整排版关系，注意细节处理，以及注重营造科技产品的氛围感。

电商设计排版与配色改稿

01 使用Photoshop新建一个520像素×280像素的白色背景，打开"素材文件＞CH05＞实例：电商设计排版解析与改稿"文件夹中的"手机.psd"文件，将手机图片置入背景并调整其角度，使其稍微倾斜（产品本身的造型比较简单，倾斜展示能打破四平八稳的呆板感），效果如图5-101所示。

图5-101

02 新建一个背景层，吸取产品上的深蓝色（R:5，G:19，B:28）作为背景色，效果如图5-102所示。再次新建一个图层，设置前景色为比背景色亮一点的深蓝色（R:11，G:37，B:55），将该图层"混合模式"设置为"滤色"，使用柔边画笔在手机底部多次单击，提高该区域的亮度，效果如图5-103所示。

图5-102

图5-103

03 选择产品图片后在"图层"面板的底部为产品添加"投影"图层样式并设置相关参数，如图5-104所示。在"投影"图层样式上单击鼠标右键，在弹出的快捷菜单中执行"创建图层"命令，然后在弹出的对话框中单击"确定"按钮，将投影剥离，使投影单独成为一个图，如图5-105所示。

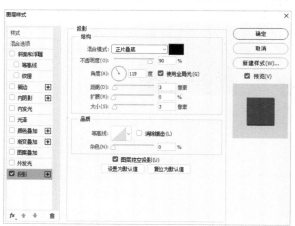

图5-104

图5-105

04 选中投影图层，按快捷键Ctrl＋T进行自由变换操作，稍微压扁投影，使其看起来更自然，效果如图5-106所示。将投影图层转换为智能对象图层，执行"滤镜＞模糊＞高斯模糊"菜单命令，设置"半径"为"5像素"，如图5-107所示。

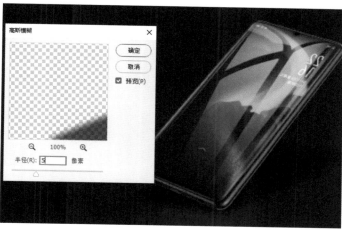

图5-106

图5-107

05 使用黑色的柔边画笔涂抹"高斯模糊"的蒙版，将邻近手机底部的那部分投影擦掉一些，这样做可以让投影具有前面清晰后面模糊的效果，如图5-108所示。为该图层添加蒙版，用黑色画笔涂抹投影后部，以表现出投影前实后虚的效果，如图5-109所示。这样就处理好了背景与产品的层次关系，对比效果如图5-110所示。

图5-108

图5-109

图5-110

06 可以在Illustrator中使用矩形造字的方法来塑造一组能够吸引人注意力的主题文字，绘制一个矩形并复制两个，将3个矩形分别调整为稍宽、中等、稍窄的形状，如图5-111所示。输入文字"我来""定义未来"，设置"字体"为"站酷酷黑"，设置文字"颜色"为浅灰色（R:180，G:180，B:180），如图5-112所示。

图5-111

图5-112

07 参考这段文字的架构关系，使用3个矩形来搭建文字结构，效果如图5-113所示。为了让文字拥有更多的细节，创建矩形后选择"钢笔工具"，减去一个锚点，使其变成一个三角形，然后将这个三角形放置于文字部分笔画的顶部或底部，效果如图5-114所示。

图5-113   图5-114

08 在"路径查找器"面板中将每个文字的所有笔画都选中，单击"联集"按钮，进行形状的合并，如图5-115所示。选择"直接选择工具"，选择其中一些笔画的锚点并拖曳，以修改字形，修改完成后设置文字"颜色"为黑色（R:0，G:0，B:0），效果如图5-116所示。

图5-115

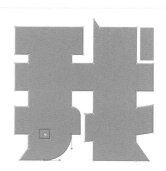

图5-116

09 选择所有文字形状后按快捷键Ctrl＋C进行复制，回到Photoshop中进行粘贴，在弹出的"粘贴"对话框中选择"像素"并单击"确定"按钮，如图5-117所示。为文字图层添加"渐变叠加"图层样式，具体参数设置如图5-118所示。设置完成后的文字更具有形式感，效果如图5-119所示。

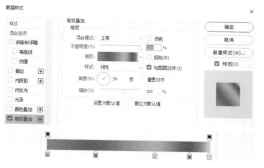

| 图5-117 | 图5-118 | 图5-119 |

10 由于主题文字是一个力量感较强的面元素，因此需要添加线元素和点元素来丰富画面层次。绘制一个椭圆，将其旋转一定角度，然后设置"填充"为"无"，"描边"颜色为与主题文字颜色相似的渐变色，效果如图5-120所示。

11 绘制一个小圆形并将其放置于椭圆线上，具体位置为文字右上角的空白区域，这样做可让主题文字与椭圆、圆形形成嵌接关系，从而强化整体感，效果如图5-121所示。

| 图5-120 | 图5-121 |

12 在主题文字下方输入"来自未来世界的性能之王"，调整文字字体和文字宽度，使其与主题文字两端基本对齐，效果如图5-122所示。再输入"FUTURE"，为其添加青色（R:15，G:99，B:113）的描边效果，设置图层的"填充"为"0%"，"不透明度"为"50%"；与左侧的主题文字对齐，这段文字的作用主要是装饰画面、丰富画面层次，效果如图5-123所示。

| 图5-122 | 图5-123 |

⓭ 在主题文字图层上方新建一个图层，设置其"混合模式"为"叠加"，前景色为主题文字的亮青色；使用柔边画笔涂抹主题文字右上方的区域，涂抹后会发现该区域比涂抹前更亮了，效果如图5-124所示。

⓮ 打开"素材文件＞CH05＞实例：电商设计排版解析与改稿"文件夹中的"炫光.jpg"文件，将其放置于主题文字上方并调整其大小，再设置其"混合模式"为"滤色"，操作完成后可以发现该元素很好地突出了文字，效果如图5-125所示。

图5-124   图5-125

⓯ 在画面右侧绘制一个矩形，为其设置"颜色"为从深青色（R:19，G:89，B:102）到浅青色（R:56，G:191，B:193）的"渐变叠加"图层样式，将产品的一角叠放在该层上方，以形成遮挡与嵌接关系，效果如图5-126所示。输入竖排文字"KING OF THE FUTURE"，设置文字大小，设置文字"颜色"为黑色（R:0，G:0，B:0），效果如图5-127所示。改稿前后的对比效果如图5-128所示。

 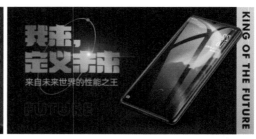

图5-126   图5-127

图5-128

提示

可以通过更换不同的产品图片、改变色彩搭配等进行画面重构，从而让自己形成比较敏锐的专业感觉，如图5-129所示。

图5-129

5.3 气韵生动，回归直觉

设计作为一种艺术形态，探索的是"美"，在探索"美"的过程中需要有想象力，需要学会打破思维定式，回归直觉才能实现想象力的"解放"。本节将打破视觉艺术的范畴，溯源现代设计理论，厘清设计艺术与其他艺术形态的关系，打破思维上的桎梏，让设计师进入理论与实践相辅相成的"自由王国"。

"气韵生动"是谢赫提出的美学命题，谢赫认为艺术作品应体现宇宙万物的气势和人的精神气质、风致韵度，从而具有自然、生动的特点。这是一种充分彰显生命力和感染力的美学境界。

5.3.1 想象力与设计直觉

广义的设计伴随人类发展的全过程。原始人使用的石器、陶器是设计成果，人们在陶器表面画鱼纹、在洞穴中的墙壁上画狩猎场景等可以被认作广义上的设计，如图5-130所示。这种创作行为正是人不同于其他动物的真正优势，而支撑这种行为的就是想象力。

图5-130

人只有学会持续地改变生存策略与不断地创造工具来形成非对称的优势，才有与其他动物抗衡的机会。人类从创造石器、铁器，到今天创造飞船飞向外太空是对工具的不断更新；虽然猴子也能使用工具采摘食物，但是猴子的创造行为没有持续更新。另一个能够使人类在与其他动物的生存竞争中胜出的原因是人类懂得分工协作，人类在漫长的发展过程中始终在进行生产关系的变革，让人与人之间的协作更加高效、有生命力。

设计师正是在社会分工协作中所形成的专门进行"想象"与规划的角色，之所以在此花如此多的笔墨进行强调，是因为当下的设计及设计教育呈现出的是一种"程式化思考"的现象，人们懒得去思考太多，往往想依靠某一种行业"套路"快速完成设计工作，虽然这种做法有时可以节省时间，但是久而久之会让设计师缺乏创造力。

— 技术专题：现代设计的起源 —

追溯现代设计的起源，有助于认识想象力的重要性。一般认为德国的包豪斯学院是现代设计的重要发源地，包豪斯学院对近百年来全世界的设计发展都有着巨大影响，其中的一位著名教授瓦西里·康定斯基是现代设计理论的奠基人之一，他与彼埃·蒙德里安、卡西米尔·塞文洛维奇·马列维奇一起被称为"抽象艺术的先驱"，他创作的《论艺术的精神》《关于形式问题》《点线面》等都是抽象艺术的经典著作，对现代设计理论的形成有着巨大影响。研究他的艺术思想对理解设计与艺术的关系、设计与想象力的关系有很大的帮助，其肖像与代表作品如图5-131所示。

图5-131

抽象主义把形式美感从具象设计中提炼出来，使得"美"从描摹真实中解脱出来而独立存在，平面设计中的排版和配色正是这种形式美感的应用。从具象中剥离出抽象的过程可以在《树》系列作品中看出，其中有比较具象的作品，如图5-132所示。该系列的后面几幅作品越来越抽象，已经把树的结构与形式从具象中剥离出来了，如图5-133所示。抽象主义擅长把提取出来的视觉形式再发展、构成为作品，如彼埃·蒙德里安的《红、黄、蓝的构成》，局部如图5-134所示。

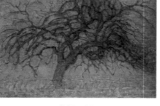

图5-132

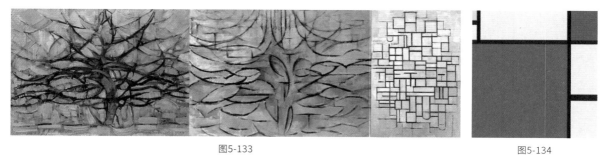

图5-133   图5-134

在构成的基础上可以根据不同的应用领域将抽象艺术应用在室内设计、服装设计中，示例效果如图5-135所示。这个过程揭示了现代设计与抽象艺术的关系，以及抽象艺术与具象绘画之间的关系，以从具象中抽离出来的形式美感为基础来构成画面。

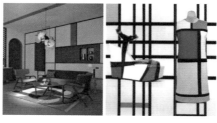

图5-135

瓦西里·康定斯基的抽象作品也具有从具象中剥离出的抽象的形式美感。例如，《点线面》中就深入阐述了形式美感的提取方法与形式法则等。他研究的对象不仅有视觉对象，还有听觉对象；他把音乐的节奏、形式与视觉艺术中的节奏与形式都放在一起进行阐述。在他的作品中，一个点可以用来记录视觉上的点，如太阳、星星等；也可以用来记录听觉上的点，如鼓点、三角铁的撞击声、钢琴的按键声等；还可以用来记录舞蹈动作中的点，如芭蕾舞演员在舞台上的跳动。这种形式感存在于视觉、听觉等多种载体中，是一种共同的频率。

　　瓦西里·康定斯基的构成作品与现代设计作品虽然所表现的内容不同，但是人们还是能够非常清楚地看出两者有着构成上的相似之处，即都是使用点线面来表现画面的形式美感，如图5-136所示。可以把这种形式美感称为"频率"，这种频率不局限于视觉或某一领域，是大多数事物所共有且通用的。

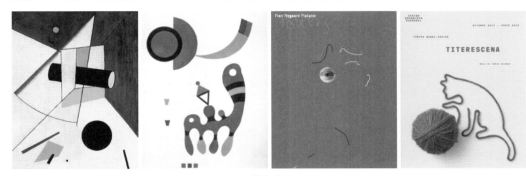

图5-136

　　《点线面》是现代设计理论的重要文稿，大学设计专业第1阶段往往会学习三大构成，而三大构成中的平面构成就是以"点线面"的基本方法论与形式法则为主要内容的。只有厘清了这些设计的基本原理、原则，有了足够的认识后，才能追本溯源，真正做到不拘泥于思维定式，解放想象力并形成专业的设计直觉。例如，在图5-137中，左图为设计作品，右图为瓦西里·康定斯基的构成作品，两者在构成形式上是同频的。明白了"频率"的存在后捕捉生活中的形式美感时就不会局限于表象，想象力也会得以释放。

图5-137

5.3.2　师法自然，激发艺术通感

　　想要从音乐中、大自然中捕捉到形式美感，需要具有感受力、想象力和归纳与总结的能力，也需要有移植与变换的能力，这些能力一定是在反复的针对性练习中形成的。可以把对应的针对性练习分为以下两种：一种是思维的练习，另一种是表现的练习。

思维层面的练习可以随时随地进行，在火车上看到的窗外一闪而过的风景，在飞机上看到的云海都能激发我们的想象力与感受力。可以把云海想象成一个雪白的国度，这个空中国度中有飞驰的骏马、巍峨的宫殿、陡峭的崖壁，亦真亦幻，让人浮想联翩。养成了在思维上不断练习的习惯后就有了发现美的眼睛，能够自主解析美并对美做出分析和转换。看到一张照片就能在脑海中写出一段故事，看到一段故事就能在脑海中描绘一个画面，久而久之就能敏锐地觉察出不同元素之间共有的"频率"（形式美感）。

设计师与音乐创作者或其他艺术领域的创作者一样，需要有足够的感受力与想象力，这样才能把想传递的信息通过作品有效传达给观众。在传统艺术领域，画家、作家、音乐家都需要通过写生、采风等方式来积累创作灵感，写生和采风是寻找大自然中、社会生活中存在的形式美感的有效方法。真正的创作者的内心都充满了好奇与冲动。

王羲之在创作书法时，经过观察，发现大白鹅的脖子和头部非常优雅，且具有美感，而白鹅的造型又与书法基础笔画中的弯钩相似，因此以鹅头、鹅颈的形态来写弯钩，如图5-138所示。黄庭坚学书法时，从船桨的滑动中获得灵感，创造了著名的"荡桨笔法"，这使得其作品气韵生动，如图5-139所示。

图5-138

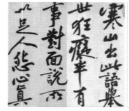 

图5-139

实例：不同形式，同种频率

鹅颈与弯钩笔画，划桨与行书运笔都是不同的事物，但是它们有着共同的"频率"，设计师需要对这种"频率"非常敏锐，这是事物间统一存在的形式美感，接下来通过实例直观地阐述这种"频率"。

01 使用Photoshop打开"素材文件＞CH05＞实例：不同形式，同种频率"文件夹中的"天猫焕新.psd"文件，如图5-140所示，其中文字作为画面主体和视觉焦点，若缺少质感，会让人感觉过于粗糙，因此需要为图中的文字添加金属质感。

图5-140

02 分析金属质感的特点并从中提炼出抽象的形式特征，金属质感的特征是亮暗交替，亮和暗作为两个有着强烈对比的属性，可以进行快节奏的更迭，同时又可以通过渐变进行过渡，如图5-141所示。这一形式特征可以用数学中二进制的方式来表示，如图5-142所示；如果用音乐里面的高音和低音来表示，则效果如图5-143所示；如果用简单的线条来表示，则效果如图5-144所示。

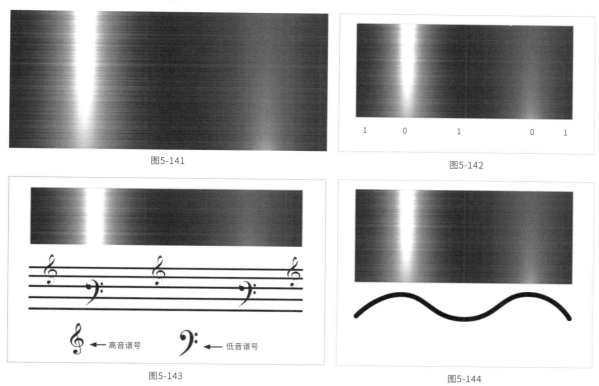

图5-141

图5-142

图5-143

图5-144

03 至此，已经把金属质感的形式特征提炼出来了，试着在Photoshop中的文字图层上方新建一个"曲线"调整图层，并将这一特征应用到文字上。在"曲线"面板中，左下代表黑场，控制暗色；右上代表白场，控制亮色，根据之前提炼出来的形式特征，设置"曲线"为亮暗交替的"M"形曲线，如图5-145所示。这时候可以发现文字上出现了金属质感，如图5-146所示。

图5-145

图5-146

提示

这个实例表明，不同形态的事物间存在着共同的"频率"，这种"频率"正是进行设计创作的关键。可以通过长期练习来提升自己捕捉这种"频率"的敏锐度，用"频率"指导自己的创作；甚至在具体的软件操作中，把这种"频率"理解透了，就能够做到触类旁通。

5.3.3　从照片到设计应用

　　形成了对形式美感敏锐的感知力后，可以从任何素材中获取到自己所需的创作"养分"，也可以在看到一张色彩漂亮的照片时从中获取配色方案。例如，某马卡龙饼干照片的色调很温馨，在Photoshop中执行"滤镜＞像素化＞马赛克"菜单命令，将其处理成色块效果，即可将配色方案提取出来，如图5-147所示。接着将方案应用到海报设计和化妆品包装设计中，效果如图5-148所示。

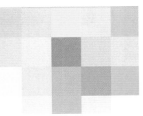

图5-147　　　　　　　　　　　　　　　　　　　　　　　　　图5-148

5.3.4　从音乐到设计应用

　　和谐的音乐必然有着和谐的旋律，可以把这种旋律的形式特征提炼出来应用到设计中。例如，把音乐的"do re mi fa sol la si"以视觉形式表现出来，将音乐形式的语言转换为视觉形式的语言，效果如图5-149所示。

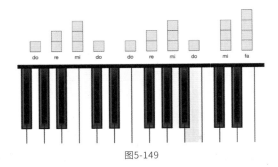

图5-149

　　一个典型的案例就是《雅克兄弟》，它的旋律是典型卡农乐，其中，卡农是复调音乐的一种，其一个声部的曲调自始至终追逐着另一声部，直到最后一个小节、最后一个和弦，它们才融合在一起，营造出一种神圣的意境。使用将音乐语言切换成视觉语言的方法把曲调提炼出来，即可得到对应的构成图，如图5-150所示。

图5-150

把每一段依次向前推动一点，然后用后边的内容补全前边的内容，如图5-151所示。重复用后边的内容补全前边的内容的操作，便可得到类似《雅克兄弟》一样韵律感十足的构成，如图5-152所示。同样，可以将这种构成应用到其他构成中，将其应用到设计中能形成视觉上的韵律感，如图5-153所示。

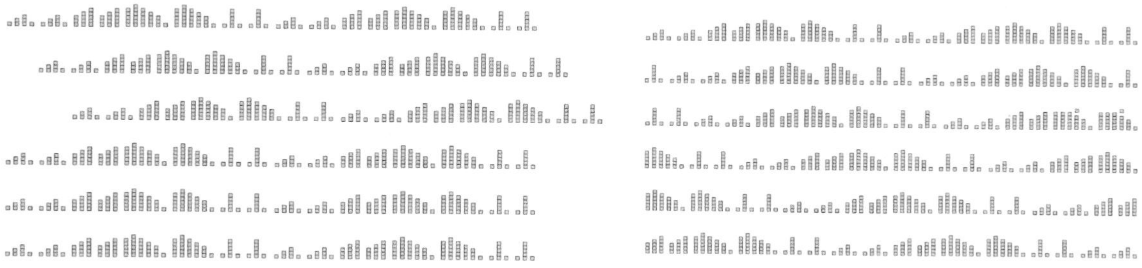

图5-151

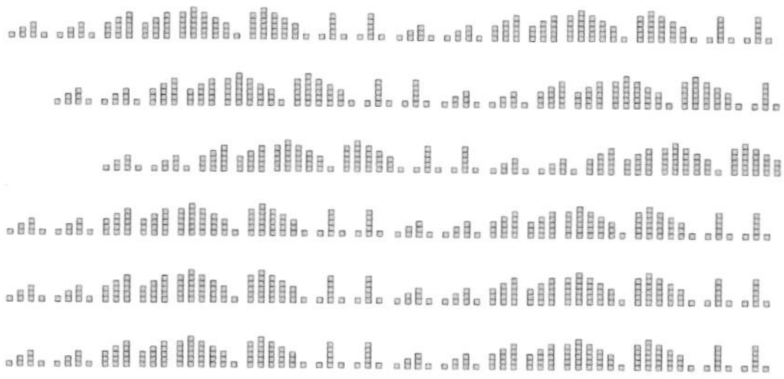

图5-152

图5-153

5.3.5　连接左右脑，沟通逻辑与感受

　　感受作品中存在的内在形式美感与规律的过程是在右脑中进行的，具体体现为想象、联想和幻想，但是这并不代表光凭感受就能解决设计中出现的问题。在敏锐的感知下捕捉到形式美感与规律后还需要进行理性的分析，这样才能较好地组织设计创作的过程，而这个分析的过程是在左脑中进行的。优秀的设计师通常具有优秀的连接左右脑的能力，很多有创意的设计作品都是感知能力与分析能力结合的成果。

5.3.6 师造化，得心源

设计师所谓的"灵感"，往往需要通过以下两个方法激发。

第1个： 通过开放的内心从自然界中吸取"营养"，从超越物象的形式特征中获得创作的依据。

第2个： 心中有系统的创造性思维。

这里重点阐述如何培养系统的创造性思维。

思维方式可以分为两种：一种是水平思维，即一种基于直觉的非逻辑性思维；另一种是垂直思维，即直线逻辑思维，如图5-154所示。

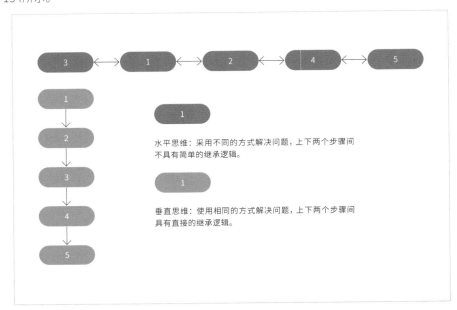

图5-154

要能够灵活地切换思维方式，感受事物时可以用水平思维进行跳跃性地切换与发散，聚焦分析时可以用严谨的垂直思维。例如，部分初学者在课堂上使用老师提供的素材进行设计，在课后的原创设计过程中就会因为找不到合适的素材和合适的参考而感到迷茫、困顿。找到好的素材和参考是一项非常重要的能力，可以把这种能力称为"搜商"，会搜索的人一方面懂得切换思维方式进行搜索，另一方面有着明确的搜索要求。

如果需要制作一张整体色调对比较强烈的海报，在线搜索关键词"明亮的配色"，搜索结果如图5-155所示。结果页中呈现的内容比较乱，其中黄黑搭配显得比较明亮。修改搜索关键词为"黄黑的配色"，为了让搜索结果更符合实际需求，可以添加"海报"二字进行搜索，显然修改关键词后的搜索结果更有参考价值，如图5-156所示。经过取舍后获得了一些参考图，这些参考图在配色和构成上都有更高的参考价值。

图5-155

图5-156

在这个搜索过程中,根据搜索结果切换了思考方式,调整了关键词,获得了更理想的搜索结果。搜索的思路要灵活,但是要明确搜索要求,明确要求也是一种取舍。例如,两张参考图中的素材都可以用软件绘制出来,可以把"香蕉"换成"可可果",将"Happy"文字换成"Interest",可以在重构画面后加入自己的创意。只有能为自己所用的参考素材才是有参考价值的素材,若画面中的元素是一幅精美的摄影作品,如果没有类似的摄影作品去替换,相关作品根本达不到参考作品的水平,这样的参考就没有价值。

垂直思维分为因果思维和逆向思维。如果掌握了逆向思维,就会发现一个问题不仅可以通过正向的思维方式(因果思维)解决,也可以通过逆向的思维方式(逆向思维)解决,如图5-157所示。

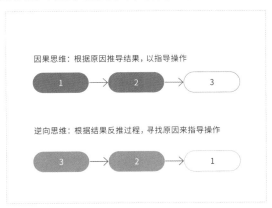

图5-157

例如,要完成一个网站的界面设计与交互设计,正向的思维方式应该是"设计调性>设计界面>根据界面做交互设计>根据用户体验调整交互设计"。在实际的工作中会发现,使用这种正向的思维做设计经常会"走弯路",其工作效率有时候并不高。

而逆向的思维方式则是进行结果倒推,可以找一个同类型的网站,然后比较所要开发的网站与这个同类网站的异同,将有区别的地方特别标出,待后期专门解决;对于相同的部分,则可以采用"根据用户体验来确定界面设计与交互设计方案>借鉴并重构界面设计>借鉴并重构交互设计",使用这种方式有时能够将整个工作流程的工作效率提高很多。

原研哉说:"科技越是进化,就越接近生命的形态。"很多时候设计师既不能闭门造车,在不与外界建立连接的情况下进行创作,也不能迷失在外界的海洋中而失去方向,应该像所有生命体一样在继承中吸取"营养",在发展中结出"果实",这一循序渐进的生命进程需要始终如一的坚持,"外师造化,中得心源"。

5.4 | 传移模写，善借于物

本书最后分享一个能帮助学习者更快学习设计表现技巧的工具，并提供大量素材和资源供学习者学习、精进。学习的难处有时在于不理解，而有时是难以坚持、思考、练习和总结。"设计积木盒子"就是和所有参与者达成约定，采用"周练"的方式学习并形成习惯。

5.4.1 设计游戏：一起来搭"设计积木"

这个工具的使用体验与关卡类游戏相似，一个学习主题被拆解成若干个"关卡"，遵循由浅入深、循序渐进的原则，如图5-158所示。

图5-158

每一个关卡中都有一个任务需要参与者上传完成的设计作品，完成这一任务才能进入下一关，完成后会获得相应奖励，如图5-159所示。

图5-159

每一个关卡都会提供与该阶段设计内容相关的素材、教程、关键知识节点和其他资源，参与者可以通过很多方式获得这些珍贵资源并与他人共享，完整的资源库非常庞大，如图5-160所示。

图5-160

找到与本书同名的设计主题，就可以开始排版与配色的系统练习，每一关都有与本书相应章、节匹配的"积木源文件"，可以下载源文件一边阅读、学习，一边练习。排版和配色作为设计师的底层表现能力，需要进行大量有针对性的练习才能有所提高，类似英语学习者要通过大量练习来形成语感一样，如果只是读一读，而不是沉下心来进行全阶段的练习，那效果可能很有限。

5.4.2 90天习惯养成计划

如果读者有跑步瘦身、健身的经验，那就一定明白，短期再努力地运动可能都不会瘦下来，即使瘦下来也可能会反弹，笔者以自己坚持几年的跑步、健身经历为例来阐述一个自己悟出的道理，这个道理有90天、简单和恒定3个关键词。

90天：如果不能坚持90天，那么既不能形成习惯，也做不到真正健康地瘦身，这是因为身体的肌肉或脂肪有"记忆"，短期内这种"记忆"会让身体一直维持不变。经过90天的持续运动才能让肌肉适应新的"记忆"而发生变化，心理上也会养成运动习惯，因此90天是突破瓶颈的非常有参考意义的一个时间节点。

简单：如果在运动前总是考虑是否会把头发弄湿而影响形象，考虑开车去健身馆是否会遇到堵车等细节问题，那么除非有足够多的空余时间，否则很难长久坚持跑步、健身，因为工作和生活本就繁忙，所以坚持一件特别复杂的事情并不现实。这也是很多人办了健身卡、立下健身目标却根本做不到的原因之一。如果真的想跑步健身，就应该直接穿上运动服，围绕小区开始跑步。跑步健身是这个道理，设计学习又何尝不是呢？

恒定：恒定的运动量是长久坚持的关键，如果周末有足够的空余时间时跑了15公里，那工作日可能就跑不了15公里了，因为需要上班，而且超量的运动会让身体难以适应，可能周一跑了3公里就草草收场，周二就因为累而停跑了，这就是"一日曝之，十日寒之"。

健身是如此，学习亦是如此。"90天习惯养成计划"就是遵循这一原理而产生的"蜕变计划"，读者可以每周过一个或两个关卡，在喜悦中坚持，在简单中坚持，在恒定中坚持，90天后完成质的改变，这是90天习惯养成计划的主旨。

5.4.3 技能节点编辑器

在学习设计的过程中，学习软件往往是很多学习者的第一步，有些学习者学习软件基础后能够举一反三，能综合运用多个知识点形成自己解决设计问题的逻辑链，而有些学习者则缺乏这种变通的能力，遇到复杂一点的问题就不知所措了。这是因为缺乏"结构化"的思维方式与习惯，具备了结构化的思维方式与习惯就能灵活应用所学的知识点，就能重组这些知识节点，以形成新的解决问题的路径（技能）。

例如，学习者学习了5种字体造型的方法，包括字库改字、钢笔造字、矩形造字、网格造字和书法造字，可以把这些造字方法结合起来做一些试验性的练习，从而衍生出自己的造字方法。在课堂上学习了造字的常用手法，即连笔、拆笔和以形代笔，这些手法可以和造字方法结合，让学习者在进行文字造型的过程中拥有更大的发挥空间。

要想具备更丰富的想象力和更系统的分析能力，其关键就是具备结构化的思维方式与习惯，设计工具中有一个"技能节点编辑器"工具，它可以对所涉及的技能进行结构化整理，以此帮助学习者形成自己的结构化思维与"技能衍生"能力，如图5-161所示。

图5-161

5.4.4 协作原则

"真正强大的是系统、是人群，而不是单独的个人"。一个人再有力量也只能做一个人能做的事情，在无处不在的社会竞争中，一个人的力量与一个群体、系统的力量相比不存在优势，因此一个再有个性的设计师也得有一个属于他的系统和群体。在这个系统中获得经验、鼓励、认可和业务订单，找到资源与合作伙伴，形成属于自己的"江湖"与"故事"，最后用自己的方式影响他人，并照亮他人的"路"，这才是设计师应该走的路。

在"设计积木盒子"中，参与者可以通过完成某一主题的设计后获得资源，得到潜在客户的认可或得到设计业务，这个流程把学与产出连接起来，学习后获得收获会更加有动力。也可以建立一个自己的团队，和团队成员共同设计项目，合作解决问题。这种协作能力与组织能力的养成和专业能力的养成一样，需要接受针对性强的培养和锻炼。

协作可以让自己具有核心竞争力、组织团队的能力、资源与客户订单、工具包与系统方法、影响力与影响"圈子"、持续成长的习惯与素质。希望每一个看完本书的学习者都能够点亮自己心中的火把，在照亮自己的同时照亮他人。